我要去探险系列

跟着库克船长探险太平洋

刘小玲　青　雨　◎著

金盾出版社

内 容 提 要

詹姆士·库克船长是英国皇家海军上校。他三次扬帆航行太平洋，成为首批登陆澳洲东岸和夏威夷群岛的欧洲人，并创下首次有欧洲船只环绕新西兰航行的纪录。这一次，喜欢冒险的索拉带着鹦鹉出发了，他将追寻库克船长的足迹，去领略太平洋的迤逦风光和大洋洲的风土人情。

小朋友，让我们跟着索拉一起去探险吧！

图书在版编目(CIP)数据

跟着库克船长探险太平洋/刘小玲，青雨著．—北京：金盾出版社，2015.6
(我要去探险系列)
ISBN 978-7-5082-9855-9

Ⅰ.①跟… Ⅱ.①刘…②青… Ⅲ.①太平洋—探险—青少年读物 Ⅳ.①N818.1-49

中国版本图书馆 CIP 数据核字(2014)第 280173 号

金盾出版社出版、总发行
北京太平路 5 号(地铁万寿路站往南)
邮政编码：100036 电话：68214039 83219215
传真：68276683 网址：www.jdcbs.cn
北京四环科技印刷厂印刷、装订
各地新华书店经销
开本：787×1092 1/16 印张：5
2015 年 6 月第 1 版第 1 次印刷
印数：1～4 000 册 定价：21.00 元

目录

第一次航行/3

普利茅斯/4

马德拉岛/6

特内里费岛/8

里约热内卢/10

火地岛/12

塔希提岛（塔希提）/14

社会群岛/16

胡阿希内岛/18

鲁鲁图岛/20

新西兰/22

波弗蒂湾/24

霍克湾/26

水星湾/28

丰盛湾/30

夏洛特皇后湾/32

库克海峡/34

斯图尔特岛/36

植物湾（悉尼）/38

大堡礁/40

巴达维亚(雅加达)/42

开普敦（桌湾）/44

圣赫勒拿岛/46

第二次航行/49

米尔福德峡湾/50

库克群岛/52

友谊群岛（汤加）/54

复活节岛/56

马克萨斯群岛/58

瓦努阿图（新赫布里底）/60

新喀里多尼亚/62

南乔治亚岛/64

第三次航行/67

圣诞岛（今属基里巴斯）/68

夏威夷群岛/70

阿拉斯加/72

白令海峡/74

探险指南

探险时要保护好地图和信号笔，在迷路的关键时刻，它们会成为你最可信的伙伴。

索拉（8岁）

嗨！我是索拉，“哆来咪发索拉西哆”的“索拉”。哈哈！我不喜欢这个名字，可是妈妈喜欢，她的梦想就是当一名音乐家，可实际上她是一位成天码字的作家。我喜欢看漫画，爱幻想，喜欢听探险家的故事，还爱大声地说话。用妈妈的话说：“天啊！我怎么生了一个这么顽皮的孩子啊……”

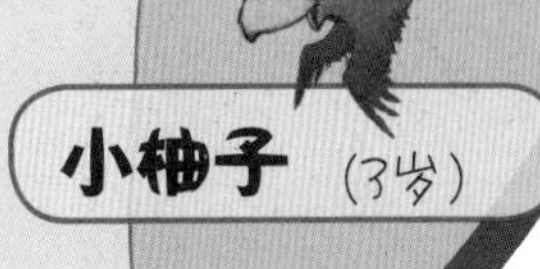

小柚子（3岁）

嘎嘎嘎……我是小柚子！索拉最好的朋友，我的嘴巴很巧，不过也经常给他捣蛋，添麻烦。

THE FIRST VOYAGE OF

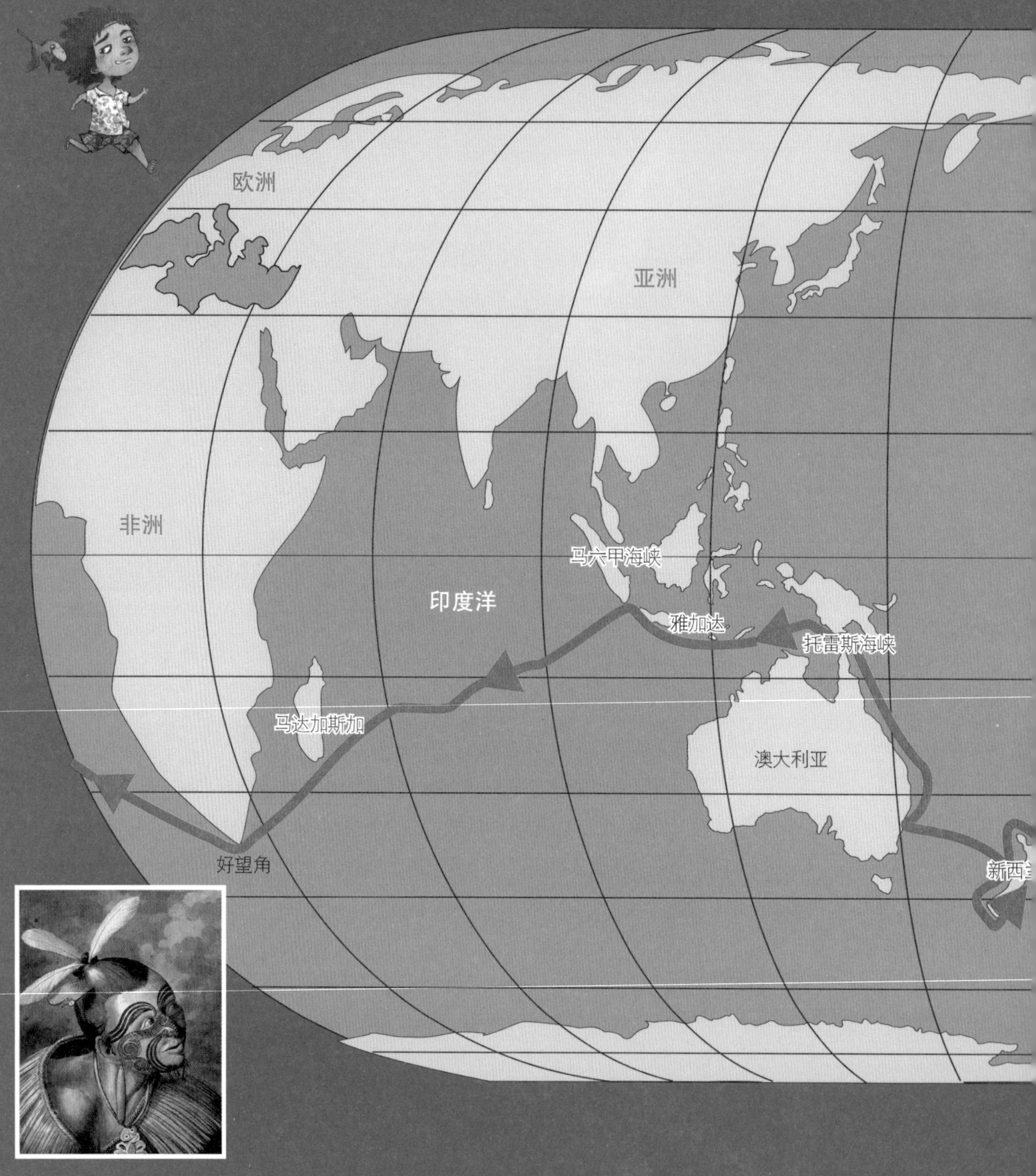

1768年的8月26日，库克船长受英国政府派遣，率领一只由94人组成的“努力号”船队从英国普利茅斯港口出发了。这是他人生当中的第一次远航探险之旅。在历时三年的远洋航行中，库克船长先是在太平洋上的塔希提岛，顺利完成了观察金星凌日现象的任务。随后率领船队到达了新西兰和澳洲的东海岸，并以英王乔治三世的名义宣

1768-1771

CAPTAIN COOK

第一次航行

1768-1771

布英国占有从南纬38°到南纬10°的全部东海岸地区，将之命名为“新南威尔士”。这是欧洲人首次踏入这片南半球的新大陆。通过此次远洋航行，库克船长为世界地图新增加了8000多千米的海岸线，这是一个令世人惊叹的壮举，世界地图的面貌从此发生了巨大的改变。而库克船长的名字也因此被载入世界航海史的史册。

1768-1771

我要去探险

索拉：小柚子，你知道库克船长吗？他可是世界上伟大的航海家之一！

小柚子：航海家！航海家！

索拉：咦！不如让我们跟着库克船长走过的航线，也走上一圈儿吧！

小柚子：好呀！好呀！

索拉：我们现在就出发！

小柚子：出发！出发！

始发站 普利茅斯

时间：1768年8月26日

精彩回放

太阳刚刚露出海平面，港口开始退去夜的宁静变得热闹起来。整装待发的库克船长兴奋地站在“奋进号”的甲板上，心底泛起一阵阵波澜。伴随着众人的欢呼声，船扬帆启航了，逐渐消失在无边无际的大海之中。

←普利茅斯高地上的英国探险家弗朗西斯·德雷克青铜塑像

站点简介

普利茅斯是英国西南部拥有丰富海运历史的名港，它曾是英国皇家海军的造船基地，拥有一流的造船技术。在16–19世纪的英国探险家就是在这里扬帆起航，去探索广阔的世界。1588年，全副武装的英国舰队从这里起航去迎战西班牙“无敌舰队”，随着海战的胜利，奠定了英国“海上霸主”的地位。1620年，著名的“五月花”号帆船

在库克船长第一次从普利茅斯起航的63年后，又有一个人从这里踏上了远洋科学考察之路，它就是著名的生物学家——达尔文。1815年，拿破仑在普利茅斯登上了英国皇家海军的“柏勒罗丰”号被流放到圣赫勒拿岛。1912年，“泰坦尼克”号幸存者在这里上岸。

↓今日的普利茅斯

载着102名英国清教徒也是从这里起航驶向遥远的美洲新大陆的。而当年他们起航的地方则成了普利茅斯有名的景点。

漫步在普利茅斯，远远地就能看到普利茅斯高地上那座红白相间的灯塔。数百年来，它一直静静地矗立在那里俯视着大海，为每一艘远航归来的船只照亮了航向。与灯塔相伴的还有一座建于1660年的皇家城堡，高大的墙体至今依旧保存完好，散发着古老而凝重的气息，古炮台上两门大炮，炮口冷冷地朝向大海的方向。而在它们的脚下，芳草如茵，海水冲击着枣红色的岩石溅起雪白的浪花，海鸥在海湾的停泊的小船上空飞翔……站在普利茅斯高地不仅将海湾美景一览无余，还能俯瞰市中心的繁华与热闹：长椅上坐着一些老人晒太阳，孩子们四处奔跑嬉戏，在中心广场的纪念碑前，不少人在喂鸽子……一切都显得那么安逸。

虽然世界上还有几处叫普利茅斯的城镇，但只有英国的普利茅斯才是独一无二的，因为这里是它们的发源地。

↑19世纪初期的普利茅斯历史画

↑普利茅斯的标志——灯塔

↑皇家城堡的大炮

我要去探险

索拉：小柚子，我怕高，马德拉岛的海崖太高了！

小柚子：胆小鬼！胆小鬼！

索拉：不许你这么说我，我这次一定要爬到最高峰给你看！

小柚子：嘎嘎嘎……

第1站

马德拉岛

时间：1768年9月14日

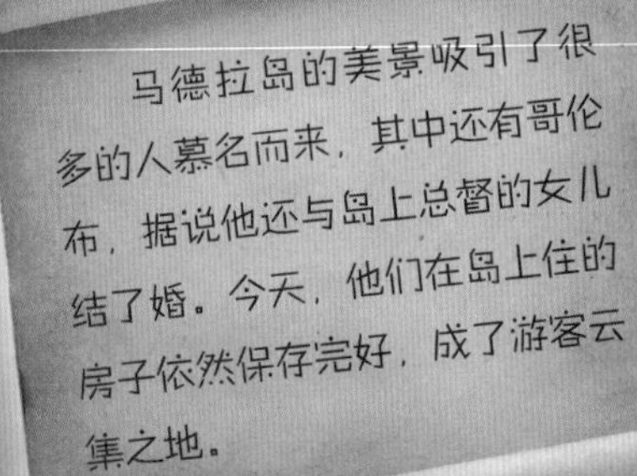

马德拉岛的美景吸引了很多的人慕名而来，其中还有哥伦布，据说他还与岛上总督的女儿结了婚。今天，他们在岛上住的房子依然保存完好，成了游客云集之地。

精彩回放

整天在大海上飘着，一连好些天都看不到陆地，船上的每一个人心里都像压了块石头一样沉闷。一天，突然一座高峰从海面上凌空而现，大家都欣喜不已，终于看到陆地了。库克船长下令全速前进，很快，这座美丽的岛屿就呈现在了他们的面前。

站点简介

马德拉岛是葡萄牙人心中的一块“宝地”，也是欧洲最令人向往的地方之一。几百万年前，轰轰烈烈的火山运动造就了它今天的面貌。“大西洋明珠”可不是徒有虚名。湛蓝的大海、高耸的山崖，直泻的飞瀑、环抱的群山，加上空气中弥漫的海风的味道，让人心旷神怡。

在马德拉岛旅行，现代化的交通工具显得有些多余，崎岖的山路只适宜徒步旅行，这些面对烟波浩渺的大西洋的悬崖，像斧劈刀削一样笔直，有的垂直落差接近600米。人站在上面，往下看会一阵阵的眩晕。当你沿着蜿蜒的盘山小路，登上陡峭险峻的崖顶，将大西洋的美景尽收眼底时，所有的疲惫和恐惧会立马一扫而光。

马德拉岛的气候湿润，土地肥沃，因为几乎每天都有一场夜雨如约而至，给岛上来一场洗礼。于是清晨，花儿竞相绽放，鸟儿竞相鸣唱，尖顶的教堂和错落的红顶民居、群山森林都笼罩在晨雾之中显得生动而缥缈。

雾气散去的午后，阳光格外的明媚，遥看远处黛青色的山峰和青葱的葡萄园，坐在花园中的藤椅上，小啜一杯马德拉葡萄酒，然后闻着空气中的花香酣然入睡……那是多么令人陶醉啊！

我要去探险

索拉：小柚子，你看到那座高高的山峰了吗？它可是全西班牙最高的山峰！咱们这可是第二次和它照面了。

小柚子：泰德峰！泰德峰！

索拉：泰德峰，我来啦！

小柚子：嘎嘎嘎……

第2站

特内里费岛

时间：1768年9月19日

↑特内里费岛的卫星图片

精彩回放

转眼库克船长在大海已经漂泊了十多天，天气一直还算稳定。终于看到了特内里费岛上高耸的泰德峰直插云霄，好不气派！

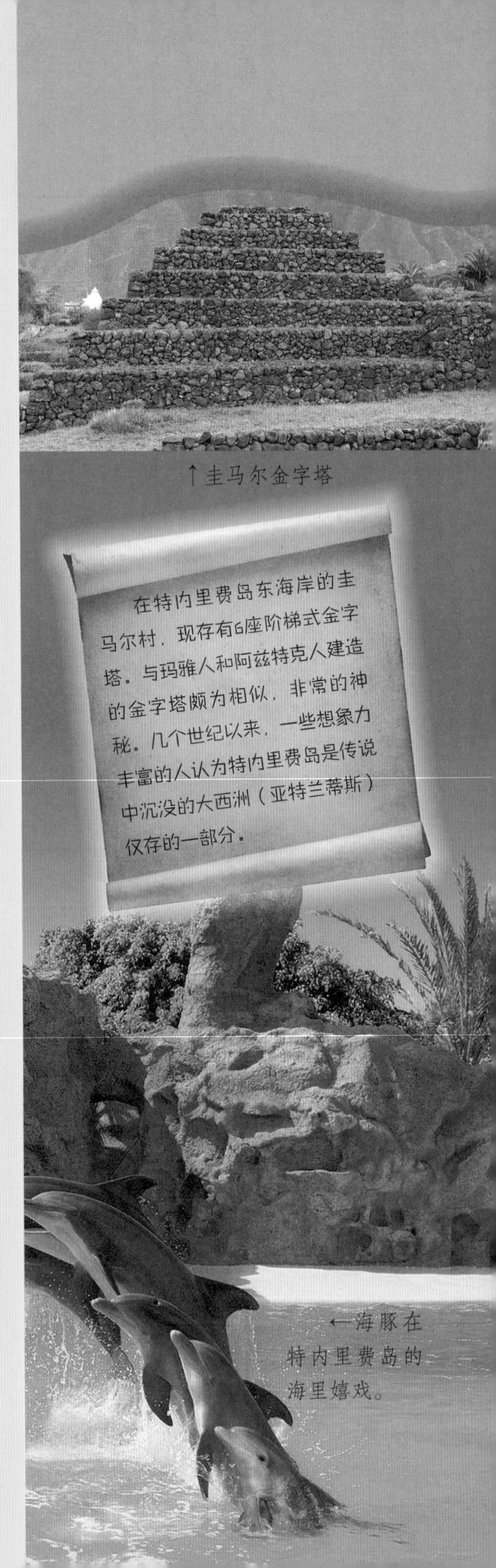

↑圭马尔金字塔

在特内里费岛东海岸的圭马尔村，现存有6座阶梯式金字塔。与玛雅人和阿兹特克人建造的金字塔颇为相似，非常的神秘。几个世纪以来，一些想象力丰富的人认为特内里费岛是传说中沉没的大西洲（亚特兰蒂斯）仅存的一部分。

←海豚在特内里费岛的海里嬉戏。

站点简介

↑ 特内里费岛风光

形状呈三角形的特内里费岛是加那利群岛中面积最大的一个岛屿。由于靠近北回归线，这里的气温常年保持在20℃—25℃之间，几乎天天阳光明媚，鲜花盛开，所以又被称为“恒春之岛”。走在岛上就像是走进了一片花的海洋，一阵阵花香沁人心脾。星罗棋布的城镇点缀在绿荫葱郁的海岸边，错落有致的层层梯田掩映在青山绿树丛中。海天一色间，海水在阳光的照耀下泛着鱼鳞般的波斑；白色的海鸥起起落落盘旋自在，点点白帆在粼粼波光中缓缓划出一道道白色的蕾丝，海豚在海湾里时而结伴而游，时而跃出水面，时而又纵身消失，留下一道道美丽的弧线。幸运的话，还可以看到鲸鱼的“喷泉”表演，它们喷向空中的水柱在阳光的照射下，能清晰地看到水柱里的七色彩虹，远处的泰德峰顶的积雪在湛蓝的天空下若隐若现……

仅是如画的自然风光就已经让特内里费岛大放异彩了，可是特内里费岛上还拥有众多的历史古迹，如受孕圣母教堂、圭马尔金字塔、博物馆同样让你目不暇接，还可以去特内里费演艺厅聆听一场音乐会，享受美好的视听盛宴。

特内里费演艺厅是岛上最新颖时尚的建筑→

我要去探险

索拉：听说里约热内卢有一座很高的耶稣雕像，哈哈！马上就要看到它啦！真高兴！

小柚子：雕像！雕像！

索拉：据说很多人都是坐缆车上到山顶的，我偏不，我要自己走上去！

小柚子：好啊！好啊！

第3站

里约热内卢

时间：1768年11月14日

↑里约热内卢的地图

精彩回放

这天一整天天气都很好，到了下午，库克和他的船已经驶入里约热内卢的海湾了。库克扶着桅杆，向四周看了看，发现海岸附近的陆地上到处都是高高的山峦。海岸边上有沙滩，太阳光洒在上面，还真是漂亮！

站点简介

巴西人常说："上帝花了六天时间创造世界，第七天，他创造了里约。"的确如此，躺在瓜纳巴拉湾怀里的里约热内卢依山傍水，风景优美，充满了激情和传奇。可城市的名字却是由葡萄牙人起的，在葡萄牙语中意为"一月的河"。因为16世纪初，当葡萄牙航海家第一次到达这里时，误以为这里是一条大河的入海口，加上正值一月，就随口命名"RIODE JANEIRO"。

走在里约热内卢的任何一个角落，一抬头准能看见那座乳白色的基督雕像：它身披长袍、双臂平伸，头部略微倾斜，掌心向

↑沙滩上踢足球的人们

上，神情肃穆。80多年来它一直高高耸立在海拔710米高的科科瓦多山顶上，敛眉低首、深情地俯视着这座美丽的城市，看着往来船只将巴西的咖啡、蔗糖、铁矿石等货物运往世界各地。

里约人经常说：生活即是狂欢。热情奔放的里约人喜欢热闹，喜欢吃烤肉，喜欢踢足球，喜欢跳桑巴舞……而细腻的海滩就成了他们最好的社交场所，人们在这里散步、看书、踢球、晒日光浴、冲浪，尤其是周末这里更是熙熙攘攘、人声鼎沸。而在每年2月底的狂欢节上，里约人会穿上用无数羽毛和亮片装点而成的民族服装，载歌载舞，巡游狂欢。

喜欢怀旧的人不妨去充满着艺术气息和波希米亚风情的圣特蕾莎地区逛逛，鹅卵石铺就的街道、殖民时期的房屋、黄色的有轨电车……仿佛有时光倒流的感觉。

↑葱郁的“面包山”像陶罐一样倒扣在瓜纳巴拉海湾

↗基督雕像高38米，几十年来，它一直俯瞰着脚下的这座充满活力与激情的城市。

里约的狂欢节大游行从1955年开始，延续至今，它以狂热的街道活动、传统的乐队以及当地最知名的桑巴舞为主体，在大约5天的狂欢日里，大街小巷充斥着音乐声和盛装舞者，同时狂欢节也吸引了来自全球各地大量的游客。

我要去探险

索拉：小柚子，我们得穿厚一点，火地岛上可冷了，别被冻成冰棍儿。

小柚子：冰棍儿！冰棍儿！

索拉：火地岛上有很多大冰川，以前我只在电视上看过，现在终于可以目睹它的风采啦！

小柚子：嘎嘎嘎……

第4站

火地岛

时间：1769年1月28日

精彩回放

一连几天天气都是阴沉沉的，有时还会下起雨。一阵阵寒风吹在库克船长的脸上，他不禁打了个寒颤。接着，他跑回船舱，叮嘱船上的每一个人要穿上厚衣服，不要冻感冒。远处的火地岛已经慢慢露出了影子，好像是在迎接这群风尘仆仆的远方来客。

站点简介

“火地岛”这名字虽然有个“火”字，可这里却没有一丝“火”的温暖。由于距离南极大陆最近，所以刺骨的寒风、皑皑的白雪、奇形怪状的大冰川是这里亘古未变的风貌。因为是极地气候，这里的天气变化无常，前一分钟还风平浪静，后一分钟就会狂风骤起，风雨交加。第一次来这里的人肯定会吃不消的。

←火地岛，是世界上除南极大陆以外最南端的陆地，也是南美洲大陆最南端的岛屿。

↓ 在火地岛南面的比格尔海峡一带，还时常有巨大、珍稀的蓝鲸出没。

据说当年，麦哲伦来到这个岛屿上时，老远就看见岛上的土著人点燃的堆堆篝火，于是他就把这座岛取名为“火地岛”。

远离大陆的火地岛就像是一个美丽圣洁的世外桃源：重峦叠嶂的雪山就像是一条条巨大无比的雪龙横卧在岛的四周；星罗棋布的湖泊就像是害羞的少女藏在深山之中，湖水清澈而且安静，使得任何人站在湖边都不忍心大声喧哗，生怕打扰了它。

乌斯怀亚是火地岛上的一个小城，因为地处火地岛的最南端，所以说它是世界最南的城市。更有人把它看作是“世界的尽头”。小城虽小，却十分别致。所有来到这里的人都会被它的美丽所吸引。它依山面海而建，一条条街道虽不宽敞，却很干净。山坡上大片大片的山毛榉树撒欢儿似地生长着，走着走着，那些只在童话世界里才会有的小木屋会给你带来意外的惊喜。不过，如此美丽别致的小城，使人难以想象它曾经是罪犯的流放地。1896年1月，随着第一批罪犯被运抵这里，小城便翻开了它新的一页。

↓火地岛的企鹅一点也不怕人

索拉：我听说塔希提岛有个很浪漫的名字，叫“海上仙岛”！如果我们在那里待上几天，会不会变成快乐的神仙呀！

小柚子：神仙！神仙！

索拉：真想弄个火箭来，把我们直接送过去，就这样走着，可真慢！

小柚子：嘎嘎嘎……

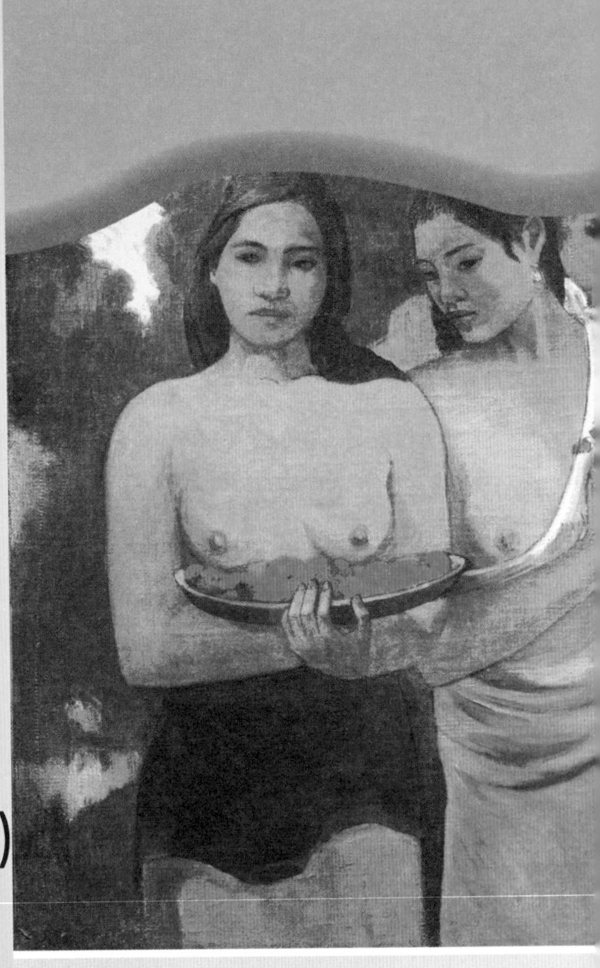

↑保罗·高更的名作《两个塔希提妇女》

第5站

塔希提岛（塔希提）

时间：1769年4月13日

↑塔希提岛是一个“8”字形的火山岛

精彩回放

闷热的天气让人浑身难受，微弱的风不时吹来，像是给辛苦的海员们一点小小的慰藉。库克船长站在船头远眺，只见几个土著人划着小船朝他们靠近。还有更多的土著人可能是因为害怕，所以就站在岸上远远地看着。

塔希提的岛民最爱过海瓦节，这是他们一年当中最盛大的节日。节日里，他们会举行歌舞演出、独木舟比赛、运水果比赛等各种各样的庆祝活动。欢乐的庆典总共要持续一个月左右。

↑库克船长抵达塔希提岛的情景

↑塔希提人的草裙舞

站点简介

散落在南太平洋上的塔希提岛也叫塔希提。从空中俯瞰，它就像安徒生童话里的美人鱼，鱼头被称为“大塔希提”，鱼尾叫“小塔希提 ”。独一无二而又无人不知的塔希提岛以优美的热带风光、环绕四周的七彩海水，被称为是“最接近天堂的地方”。所以这里一直是很多人魂牵梦萦的地方，这其中就包括法国后印象派画家保罗·高更。他在这里不仅找到了灵感和创作激情，还收获了爱情——娶了一位美丽的塔希提女子为妻。今天我们还能看到他的故居——“欢愉的小屋”，小屋里挂满了模仿他的画作，仿佛主人才刚刚离开不久。

塔希提岛由于靠近南回归线，气候炎热，所以这里的土著居民都穿的很少，只用几块布料遮羞而已，谁让他们个个都拥有健美的身材呢。喜欢跳草裙舞的塔希提人热情奔放，你看她们脚佩叮当踩着鼓点的节奏，抖动着古铜色的身体，扭动着翘臀，挥舞着双手，狂野而感染力十足。就算你是害羞、不会跳舞的人也忍不住想加入其中。

外形似一个倒挂的葫芦瓜的波拉波拉岛，是塔希提最让人神往的地方。虽然岛很小，但却充满着梦幻般的色彩。一汪汪碧绿的潟湖就像是塔希提岛清澈的眼睛。住在海边的“水屋”上就能将水下色彩斑斓的珊瑚和穿梭其间的热带鱼纳入眼底，这是多么奇妙的感受啊！

↘塔希提男子

我要去探险

索拉：小柚子！你喜欢石斑鱼吗？它们就生活在社会群岛海域，现在我就带你去！

小柚子：石斑鱼！石斑鱼！

索拉：我还要去弄条小船来，我们去海上划船！那该多好玩啊！

小柚子：嘎嘎嘎……

↑莫雷阿岛

第6站

社会群岛

时间：1769年5月

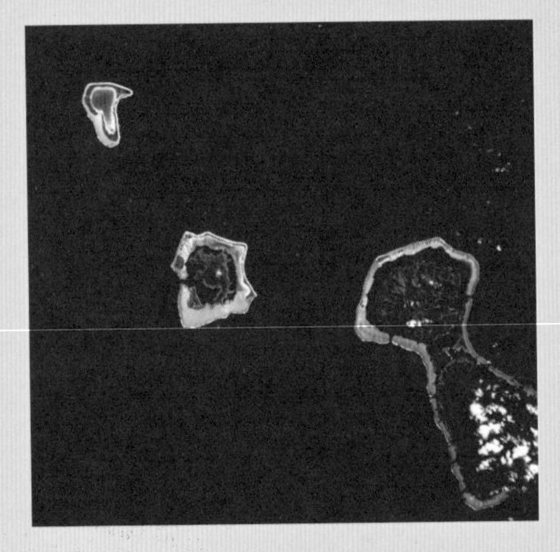

精彩回放

库克船长在塔希提岛逗留了很长时间以后，决定四处走走，看看附近的那些岛屿。这些漂亮的小岛像磁石一样吸引着他，后来他就把这些小岛统称为“社会群岛”。

站点简介

在太平洋的东南部静静地躺着一个身形庞大的群岛，它就是社会群岛。群岛的名字是库克船长取的，源自派遣他探索世界的英国皇家学会。社会群岛由著名的塔希提岛、赖阿特阿岛、莫雷阿岛、塔哈岛、胡阿希内岛等14个火山岛组成。曾经有人说：“社会群岛就像是上帝路过太平洋时，故意丢在上面的一串珍珠。”这里有着世界上最清澈的海水，也有着世界上最苍

↑洁白的塔希提“国花”

↑伦吉拉环礁海底

绿的山、世界上最美丽的潟湖。也许是躺在社会群岛怀抱中的塔希提太美了，风采已经掩盖了社会群岛的芳华。现在，就让我们来揭开社会群岛的神韵。

赖阿特阿岛是社会群岛的第二大岛，岛上有塔普塔普阿铁阿神庙，是波利尼西亚的朝圣之地，充满了神秘的气息。在全球最大的环礁之一——伦吉拉环礁潜水，可以体验与大海龟、虎鲨、双髻鲨、海豚和鹞鲼相伴的美妙。而莫雷阿岛美丽的自然风光毫不逊于波拉波拉岛，徒步攀登岛上的幻山，一路飞瀑幽谷，鸟语花香，在山顶上还可以俯瞰波光粼粼的奥普努胡湾和库克湾。

在赖阿特阿岛的塔麦哈尼山生长着洁白的塔希提“国花”并流传着一个凄美的传说：一个美丽的塔希提女孩和王子相爱了，当她得知王子不会和她结婚的消息时，便心碎而死，而她的五根手 指便化作了花的5片花瓣。

↓从莫雷阿岛俯瞰奥普努胡湾和库克湾

↓赖阿特阿岛的古遗迹

我要去探险

索拉：人们都把胡阿希内岛叫“花园之岛”，想必它应该非常漂亮吧！小柚子！准备好了吗？我们出发吧！

小柚子：出发！出发！

索拉：对了！到了那以后，咱们就去潜水！想想真是太美了！

小柚子：潜水！潜水！

第7站

胡阿希内岛

时间：1769年7月17日

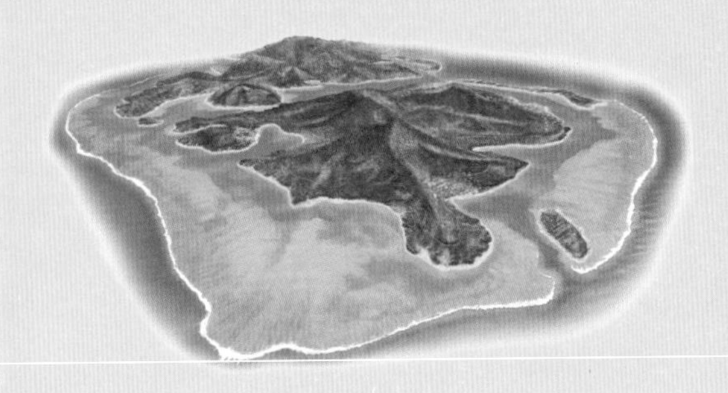

精彩回放

船在清澈蔚蓝的海面上航行着，既无风也无浪，周围一片寂静，偶尔有只海鸟叽叽喳喳叫上几声。一路上神经紧张的库克船长此时像是卸下了一身包袱一样，他闭上眼睛，做了个深呼吸，看来他很喜欢这个从未谋面的海岛。

站点简介

胡阿希内在塔希提文中是“女人”的意思，据说这里在很早以前是由女人统治的。而在波利尼西亚的传说中，此地第一个女人就是在这座岛上出生的，并孕育了波利尼西亚所有的人。有人说，当你从海上往岛上望去，山的形状就像是一个躺着的女子，很有意思吧！

胡阿希内岛距离塔希提岛很近，坐飞机的话，只需35分钟就能到达。一条狭长的海峡，把胡阿希内岛分成了两部分，一个是大胡阿

↓胡阿希内的海底生物让这里成为真正的伊甸园。

希内，一个是小胡阿希内。因为有桥梁连接，所以两个岛上的人可以自由往来。

很久以来，人们一直把这个岛称作"花园之岛"，大自然赋予这里美丽的海湾、小岛、洁白的沙滩，可以想象它的美丽肯定不比塔希提岛差，同样充满着波利尼西亚风情：碧绿的海、蓝蓝的天、葱郁的植被、纯朴的村落、芬芳的香草……但许多人更愿意把大量的时间花在海上。划起一只小船，在碧蓝清澈的海面上悠闲地荡着，闭上眼睛，静静地听海风从耳边吹过，没有什么比这更让人感觉轻松自在的了。如果你喜欢刺激那就去冲浪和潜水，尽情地玩吧！

社会群岛上的人会自己生火，而不是用打火机一类的东西。当地生长着一种名叫黄槿的树木，它就是用来生火的工具。先用一根木棍的顶端在一棵黄槿的槽缝里使劲摩擦，这样槽缝里的木屑就会因摩擦发热而燃烧起来。手艺熟练的人只需几秒钟就能取到火种。

我要去探险

索拉：听说鲁鲁图岛上有很多岩洞，不知道那里面会不会有宝藏！

小柚子：嘎嘎嘎……

索拉：你见过钟乳石吗？鲁鲁图岛上的岩洞里有很多钟乳石，我们马上就能大饱眼福啦！

小柚子：钟乳石！钟乳石！

第8站

鲁鲁图岛

时间：1769年8月10日

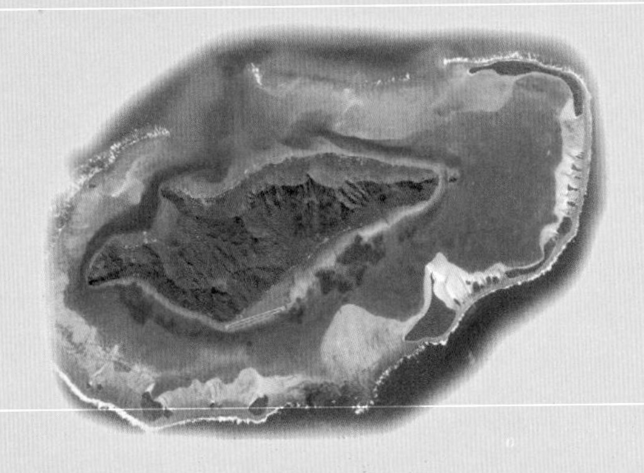

精彩回放

当鲁鲁图岛出现在库克船长的眼前时，库克船长眼前一亮。岛的四周怎么到处都是石灰岩？难不成这个岛是个火山岛？其实库克船长的猜测是对的，鲁鲁图岛确实是一座火山岛。接下来，他还想亲自上岛，去看看里面的情况。

↓鲁鲁图岛的鲸鱼

鲁鲁图岛上的人们每年都会举行很多文化游行活动，其中最著名的就是举石块比赛。男女运动员一起上阵，然后从地上把100多千克的石头抬放到自己的膝盖上。这是一项挑战人们力气的活动，获胜的人往往会被人们称赞为“大力士”。

站点简介

在波利尼西亚语中，鲁鲁图意味着“喷射的岩石”的意思。作为土布艾群岛的一份子，鲁鲁图岛是典型的火山岛，所以也造就了它崎岖的地形和多岩石的地貌，尤其是海岸边林立的悬崖峭壁，总让人禁不住打几个寒战。当然最醒目的还是那条石灰岩带，它把岛上那些陡峭的斜坡给围挡了起来，使岛屿免受海浪的侵蚀。即使在斜坡的旁边分布的平原，也是由礁湖演变而来的，是大海塑造了鲁鲁图岛。而在茂密清幽的山谷、原野中则弥漫着香草、菠萝和荔枝的芬芳。

如果说鲁鲁图岛上有什么与众不同的景观，那些曲折幽深的溶洞算是很大的亮点了。这些溶洞一个挨着一个，洞洞相通，走在洞里非常的清凉，钟乳石像冬天屋檐下的冰柱一样从上面垂下来，石笋则像春天刚从地面下“冒”出来的竹笋一样，它们都是经过几万年或几十万年的时间慢慢形成的，伸手摸上一摸，仿佛能感受到时间的力量。

鲁鲁图岛还以鲸而闻名。每年7月到10月份，一群群座头鲸迁徙到海湾里，在这里繁衍生息……于是很多的游客便蜂拥而至，谁也不愿错过这观鲸的最佳时机。

↑溶洞

↓香蕉

↑传统食物

←鲁鲁图岛发现的木雕——汤加罗河神像

我要去探险

索拉：新西兰是全世界最美丽的国家之一！以前我做梦都想来这里！现在终于梦想成真啦！

小柚子：嘎嘎嘎……

索拉：我要去库克山上看星星！

小柚子：好啊！好啊！

↑恬静的陶波湖

第9站

新西兰

时间：1769年10月6日

精彩回放

离开社会群岛之后，库克船长便指挥着船队向西出发了。两个月后，他们靠近了一个很大的陆地，这就是新西兰。随后，他不仅做了环岛航行，还把新西兰全域的海岸线面貌勾勒了出来，最终他证实新西兰并不是传说中的南方大陆。

站点简介

南太平洋的岛国——新西兰是一个令人着迷的国度，虽然它在世界地图上并不乍眼，但却云集了世界上众多的美景：辽阔的平原、伟岸的山峦，幽深的山谷、青葱的森林、皑皑的冰山、静谧的湖泊、如练的飞瀑、苍绿的牧场……

打开地图，我们发现库克海峡把新西兰由南至北一分为二，因

↑鲁阿佩胡山

几维鸟

↓新西兰的牧场

奥克兰

此也风景迥异。南岛冰川林立，连绵起伏的南阿尔卑斯山脉纵贯中部，终年被冰雪覆顶。新西兰最高的山峰——著名的库克山就矗立于此。当年库克船长驶近南岛东岸时，首先映入眼帘的就是这高耸入云的雪峰，于是他称这里为“长白云之地”。在群山幽谷里还隐藏世界上最长的冰河——塔斯曼冰河，凛冽的冰河在阳光的照射下发出耀眼的光芒。相较于南岛，北岛则是名副其实的绿色王国。满眼苍翠的亚热带森林里生活着新西兰的国鸟几维鸟和鹦鹉，毛利人驾着独木舟在河流上穿行，远处的活火山还冒着浓烟，好像随时要喷发一样。山脚下广袤的牧场上芳草如毯，牛羊遍野，一派田园风光。碧蓝如洗的天空下，美丽的陶波湖泛着粼粼波光，壮观的波胡图间歇泉直冲云端，让人不得不感叹大自然的神奇。

在新西兰毛利人的村落里盛行着一种独特的礼仪方式，就是碰鼻尖。毛利人如果遇到自己非常尊重的贵客，彼此就会用鼻尖碰撞两三次，然后相互挥手告别。两人之间碰鼻子的时间越长，就表示礼仪越高。

↓库克山海拔3764米，是新西兰的最高峰，毛利人称它是“奥拉基（即穿云破雾）”的意思。

我要去探险

索拉：哇！这里好像一点也不贫穷呀！真奇怪，为什么叫它贫穷湾呢？！

小柚子：是啊！是啊！

索拉：这里也有漫山遍野的葡萄园，估计这里的葡萄酒很好喝！

小柚子：哦哦哦……

↑吉斯伯恩的葡萄园

与库克船长一起登陆波弗蒂湾的还有一位植物学家班克斯，他在这里发现了大量植物并采集标本，绘图记载下来，后来写了一本《新西兰原始植物区系》的书。他还详细记录了波弗蒂湾的毛利人的样子以及惨遭杀害的遭遇。

库克船长当年登陆的海滩

第10站

波弗蒂湾

时间：1769年10月8日—11日

精彩回放

经过几天的航行，库克船长和“努力号”的船员们终于看到一个可以登陆的陆地，准备在这里补充食物和淡水。可是他们上岸之后才发现这里除了柴火之外，没找到一点需要的东西。于是，库克船长就把这里命名为波弗蒂湾，意思是贫穷的海湾。

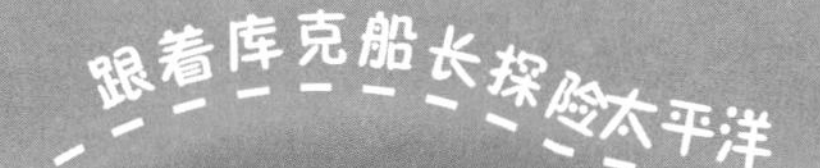

站点简介

↑1769年班克斯绘制的毛利人

波弗蒂湾位于新西兰北岛东岸，在库克船长的航海日志中，这是一个贫穷之地。但这也是一个历史性的地点，1769年10月8日，库克船长在波弗蒂湾的凯蒂海滩首次真正登陆新西兰的土地，开启了新西兰的历史。今天的波弗蒂湾早已脱掉了贫穷的帽子，成了新西兰盛产美酒的富庶地区。

在波弗蒂湾的北端有一座著名的小城——吉斯伯恩。要知道，这个地方虽小，但是名气很大。它是新西兰最先沐浴阳光的城市，毛利人把这里称为日出海岸。国际日界线与它相近，而在吉斯伯恩群山连绵的原野上不知名的小花恣意绽放着，葡萄园层层叠叠，郁郁葱葱，村舍房屋点缀其间，勾勒出一幅美丽的风景。虽然现代文明已经深深地侵入到这里，但当地毛利人仍然保持着传统的文化和部落生活方式。

↑在吉斯伯恩海岸的山坡上矗立的库克船长雕像

↑吉斯伯恩城

我要去探险

索拉：我要去霍克湾吃葡萄！那里的葡萄又大又甜！

小柚子：甜甜甜……

索拉：还有塘鹅，漂亮的塘鹅，我马上就来看你们啦！

小柚子：塘鹅！塘鹅！

↑全新西兰最古老的酒庄——传教区酒庄

第11站

霍克湾

时间：1769年10月12日

站点简介

霍克湾这个位于新西兰北岛东边的海湾，在库克船长刚刚发现时，还只是一个不为人知的地方，可随着时光的流逝，在过了200多年后的今天，这里却已经成了享誉全球的地方。

因为是地中海式气候，霍克湾的土地肥沃、阳光充足。沿着达特穆尔河谷一路走去，就能看

精彩回放

当库克船长和他的船驶入霍克湾时。他发现几只独木舟正朝他们划过来，他本以为这些毛利人是来欢迎自己的。可出乎意料的是，他们遇到的是一群野蛮好斗的人，连船员也差点被绑架，真让人恼火！

↓拐子角

到结满果实的果园、绿意盎然的农场，还有大片大片的橄榄园和葡萄园。这里的葡萄庄园足以和闻名遐迩的法国葡萄园一比高下。历史悠久的酒庄已经在这里存在了上百年，每一个酒庄都有一个属于自己的故事。丰收的季节，站在高高的山坡上，满眼的绿意让人沉醉。一串串熟透了的葡萄挂在枝头，像是在跟头顶的太阳打着招呼。

↑霍克湾的美景从森林茂密的鲁瓦希尼山脉一直延伸到卡威卡山脉。一条条宽阔的河流从这里奔腾着汇入蓝色的太平洋。

喜欢动物的人一定不会忘记去一个叫拐子角的“塘鹅之家”瞧瞧。因为这里是世界上规模最大的陆地塘鹅栖息地，最多的时候这里栖息着大约17 000只塘鹅！这些可爱的塘鹅有着碧蓝的眼睛和妩媚的黑色眼线，与头顶部分的黄色羽毛相得益彰，躯干上覆盖着雪白的羽毛，可是在翅膀的末端又突然变为了黑色。这样的颜色搭配真让人怀疑是有人故意画上去的。当它们成群成群地聚集在海滩边上时，它们也许没有意识到自己已经成了一道夺人眼球的美丽风景。

在霍克湾的西岸坐落着一个名叫内皮尔的城市。虽然在1931年的地震中小城被夷为平地，但后来人们却按照最时尚的装饰派艺术风格重建了这座小城，并使小城获得了“世界装饰艺术之都”的美誉。

我要去探险

索拉：小柚子！你知道吗？水星湾的海滩上有很多漂亮的贝壳，我们要多捡些回来串成项链送给妈妈。

小柚子：项链！项链！

索拉：哦，对了！我还要去瞧瞧那块巨大的象鼻岩。我要看看它到底多像大象的鼻子。

小柚子：嘎嘎嘎……

在距离水星湾的不远处，有一大片非常特别的沙滩。说这个沙滩特别是因为它是一个"热沙沙滩"。来到这里的人手里都会拿着把铁锹，然后在沙滩上挖一个大大的坑。倘若挖到一个泉眼的话，坑里立马就会积满温泉，扑通一下跳进去，就能免费泡一个舒舒服服地温泉了。

第12站

水星湾

时间：1769年11月14日

精彩回放

随着船慢慢靠近水星湾，库克船长那张略显坚毅和严肃的脸上逐渐变得柔和起来。清澈干净的海水沐浴在金黄色的阳光下，好像是撒满了闪闪发光的金子！船上所有的人都从舱里跑出来，兴奋地挥舞着英国国旗，尽情地欢呼着……

←标志性的石灰石拱门、金色沙滩、游客在美丽的教堂洞可以尽享阳光与海浪以及皮划艇的乐趣

站点简介

在距离新西兰奥克兰市大约三小时车程的克罗曼半岛躺着一个优雅美丽的海湾，它就是库克船长当年观测到水星轨迹的地方——水星湾。不过，所有去水星湾的人都要先到怀蒂昂格小镇，然后再从这儿坐气垫船到水星湾。小镇干净整齐，空气清新。高大的棕榈随风摇曳，婆娑起舞；不知名的鲜艳花朵竞相开放着，旖旎的海滩上孩子在嬉戏打闹着…

水星湾的美丽难以言表。山峦起伏，树木葱茏，绿海莽莽，金色的阳光倾泻在碧蓝的海面上，令人炫目；巍峨陡峭的悬崖峭壁像是用斧子劈出来的一样。而绵长的海绵就像一条优美的曲线，把翠绿的大地和碧蓝的大海分隔的清清楚楚，伸向无尽的远方。靠近海岸，你会发现在突兀嶙峋的岩石丛中，还隐藏着许多神秘的海洞，有人字形的、有三角形的，这些或大或小的海洞相互连通。最有名的教堂洞远看像一头吸水的大象，巨大拱形洞口像极了教堂的拱门，威严而庄重。站在石拱门下，映入眼帘的是一块巨大的尖锥形岩石，在金色沙滩和湛蓝海水的映衬下，充满了沧桑感。看到这里的一切，让人不得不为大自然的鬼斧神工而折服。

我要去探险

索拉：哈哈！一想到马上就要吃到丰盛湾的猕猴桃了，我就口水直流呀！

小柚子：猕猴桃！猕猴桃！

索拉：吃完猕猴桃，我还要去看火山，对了！还有鱼！那里的鱼特别多，有些还是我从没见过的呢！

小柚子：鱼鱼鱼……

第13站

丰盛湾

时间：1769年10月30日

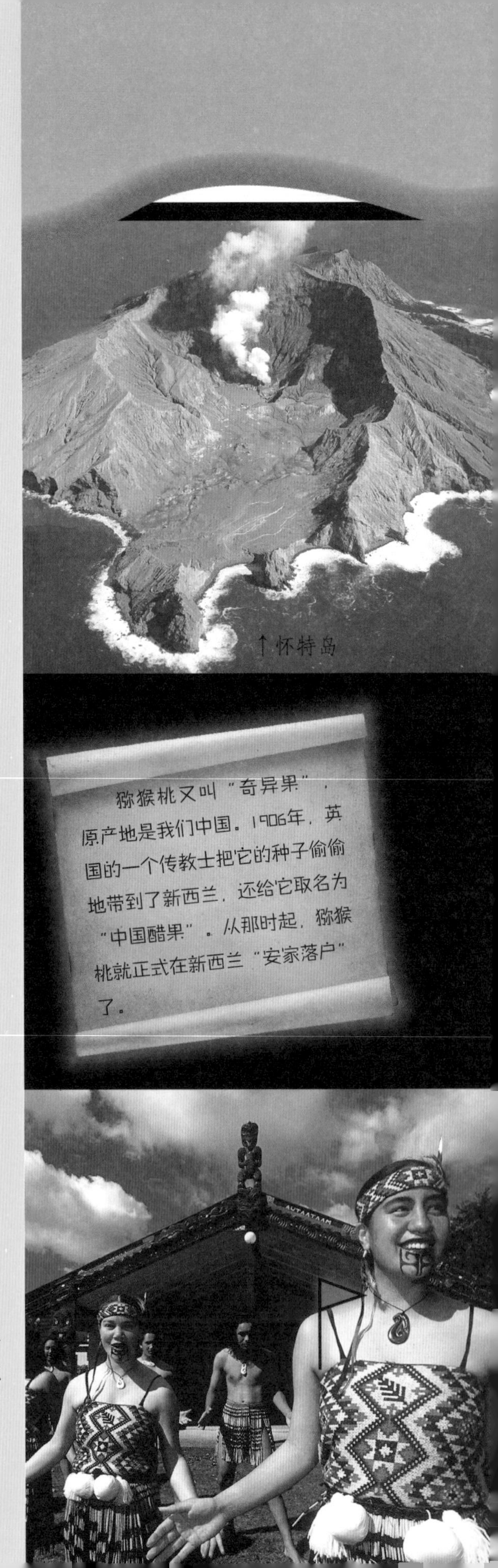

↑怀特岛

精彩回放

这天阳光明媚，四处考察的库克船长在新西兰一个美丽的海湾登陆，当时住在岸边的毛利人慷慨供应他们粮食和水。他意识到这里的食物一定供给充足，与他在贫穷湾的情况大不一样，于是就将这里命名为丰盛湾。

↑一排排的防风林将丰盛湾的猕猴桃地切割成一个个规规整整的小方块，让人看上去极为悦目。

站点简介

丰盛湾是新西兰一个很有名气的海湾。如果给新西兰所有的旅游胜地做个排名的话，丰盛湾一定能位居前列。当年库克船长一来到这里就深深地喜欢上了这里。由于这里自然资源丰富，所以索性就叫它“丰盛湾”。在之后的探险中，库克船长又数次到访过这里。

在丰盛湾的蒂普克小镇，漫山遍野都种植着猕猴桃，这里的猕猴桃是世界质量最好，产值最高的地方。所以人们就把“世界猕猴桃之都”的称号毫不吝啬地送给了它。

大自然恩赐给丰盛湾的礼物真的是很“丰盛”：金色的沙滩、奔腾的河流、恬静的湖泊、晶莹剔透的冰川、苍翠的森林等应有尽有，但是浓厚的毛利文化和著名的怀特岛活火山却是丰盛湾所独有的。

当我们搭乘着直升机俯瞰整个怀特岛，巨大的火山口张着大嘴嘶嘶地冒着白烟，里面滚烫的岩浆像刚煮开的水一样咕嘟咕嘟地翻腾着，散发着刺鼻的硫黄味，我们瞬间就会被大自然的力量所震撼。如果你踏上怀特岛，那就是另一番感受，满眼灰色、雾气迷漫，看不见一点绿色，荒凉一片。冒着浓烟的火山口发出隆隆的声响，脚下的地面仿佛都在颤抖，绝对是惊心动魄的体验。看完了火山，在海风习习的傍晚，来到婆娑的椰林，伴随着海浪的节奏，躺在沙滩椅上小眯一会儿，那才叫享受呢！

↑毛利人的圣山——毛奥山（芒格努伊山），每年都会吸引近百万游客徒步观光旅游。

我要去探险

索拉：萤火虫！萤火虫！我马上就来看你们啦！

小柚子：萤火虫！萤火虫！

索拉：小柚子！你知道吗？夏洛特皇后湾里有很多萤火虫，数都数不过来！现在我终于可以见到它们了！

小柚子：嘎嘎嘎……

第14站

夏洛特皇后湾

时间：1770年1月16日

↓远处高大挺拔的雪山若隐若现

↑库克船长纪念碑

↓夏洛特皇后湾无限的峡湾风光

精彩回放

在海上航行已经有一段日子了，船员们都很疲惫，船也需要检修。终于一个美丽的海湾跃入了眼帘，库克船长心里真是说不出的兴奋，他下令在这宁静的小港湾内停泊整修。这就是著名的夏洛特皇后湾。

在夏洛特皇后湾还有一个传说中的“神秘瀑布”，它好像是要跟寻找它的人故意玩躲猫猫，故意把自己隐藏在山路崎岖的密林深处，想要找到它非得花上点时间和耐心才行。

站点简介

当年库克船长带领他的船员们来到这里时，就被这里的美丽迷人给吸引了。为了表达对英国女王的敬意，库克船长就给这里取名为“夏洛特皇后湾”。这个位于新西兰南岛的峡湾，在所有新西兰人眼里，都是一个让他们感觉很自豪的地方。如果找一个土生土长的新西兰人聊天的话，他一定会眉飞色舞地向你介绍夏洛特皇后湾有多漂亮，他们对这里的热爱溢于言表。

一直以来，人们把“水”、“星星”和“萤火虫”视为新西兰南岛的“三宝”。而这“三宝”在夏洛特皇后湾都能找到。

渡轮是夏洛特皇后湾最便利的交通工具。沿途晶莹洁白的冰川逶迤在苍翠葱茏的原始森林间，伫立于海面之上的悬崖绝壁粗犷而冷峻……大自然用它的一双巧手为我们勾勒出一副优美的画卷。随着渡轮向前行驶，你会惊喜地发现：海水的颜色竟然变来变去！这一段是蓝色的，下一段就会变成墨绿色，再继续走又会变成宝石蓝……因此这段渡轮旅行也被称为是“世界上最棒的渡轮旅行之一”。

如果你胆子够大，在一个漆黑的夜晚深入到密林深处，就会发现成千上万只萤火虫闪着黄绿色荧光飞舞，像天上闪烁的点点繁星，置身其中，仿佛仙境一般。

夏洛特皇后湾就是这样一个处处充满惊喜的世外桃源！

↓库克船长当年登陆，夏洛特皇后湾毛利人生活的场景

我要去探险

索拉：接下来我们就要看到库克海峡了。这个海峡就是用库克船长的名字命名的！

小柚子：船长！船长！

索拉：听说海峡常常刮狂风，水流很急，我们可得小心点才行！

小柚子：小心！小心！

第15站

库克海峡

时间：1770年2月7日

精彩回放

2月7日的下午，库克船长下令启航，船朝着东方行驶。库克船长想要赶在退潮之前驶入库克海峡的开阔处。随着船不断向往行驶，库克船长在南偏西的方向看到了一片陆地，陆地上有一座很高的山峰，山顶上覆盖着厚厚的积雪。

站点简介

库克海峡，顾名思义就是用库克船长的名字命名的海峡。因为它是库克船长最先发现的。而土著毛利人起的名字是“劳卡瓦”。它是连接新西兰南、北两岛之间的必经通道。全长205千米，最宽的地方有145千米，最窄的地方有23千米。宽阔的海面上，每天都有各种轮船穿行其中，有游轮、有货轮，还有小型的游艇，非常的繁忙。新西兰人感慨地说：“造物主真是有先见之明，如果没有库克海峡，新西兰这个国家恐怕都不是现在这个模样了！”可见其地位的重要性。

地质学家们经过研究发现，这个海峡是在地壳运动中发生沉陷而

↑库克海峡风光

形成的，所以往海峡两岸望去，全都是悬崖峭壁，而那些从悬崖的顶端飞泻而下的瀑布，远远看去，像是飘在半空的一条条长长的白纱巾，美丽而缥缈。

美丽的库克海峡也有坏脾气的一面。因为地处南半球强劲的西风带上，加上两端开阔的海湾地形，结果使得它常年都是狂风频繁，海流汹涌，来往船只必须要谨慎航行。

大约在一百多年前，在暗礁丛生、洋流汹涌的库克海峡里生活着一只神奇的海豚，它常常为来往的船只领航，直到把他们带出危险的海域为止，于是人们都亲昵地称它为“罗盘杰克”。当时为了不让人伤害它，新西兰政府还专门颁布了一道保护“罗盘杰克”的法案，这是人类历史上第一部在法庭上专门为一个海洋生物设立的法案。

我要去探险

索拉：小柚子！你听说过几维鸟吗？那可是一种十分珍贵的鸟类！它们就生活在斯图尔特岛上。

小柚子：几维鸟！几维鸟！

索拉：小柚子！我们要加快速度！几维鸟在等着我们呢！

小柚子：快快快……

↑斯图尔特岛的马蹄 湾

第16站

斯图尔特岛

时间：1770年2月26日

精彩回放

这天晚上大约11点左右，库克船长和他的船员们在夜色中隐约看见了一个岛屿，它就是斯图尔特岛。当时海面上刮着强风，直把船往岸上吹。库克船长赶忙下令所有人要集中注意力，专心开船。事实上，库克船长在看到这个岛屿时，并不觉得这是个岛屿，而是一个海岬。后来事实证明，他这次的判断的确是个错误！

站点简介

斯图尔特岛在新西兰的最南端，是新西兰的第三大岛。有人形容它“只有巴掌大小”。别看它小，传说它是毛利人的祖先——毛伊的独木舟上的锚。独木舟就是南岛，毛伊在此下锚抓到的大鱼则是北岛。当地的毛利人还把此岛称作拉奇乌拉，意思是“灿烂光芒下的土地”，也许就是因为这里有独特的晨曦、晚霞和夜晚美妙绚烂的南极光吧！

斯图尔特岛还有一个叫"半月湾"的小海湾。虽然很小，却经常有人坐船来到这里观赏海豹、大白鲨、企鹅、海豚和信天翁，或者坐在半潜式的潜艇里，去水底把多姿多彩的海底世界看个够。

斯图尔特岛地势一点也不平坦，起起伏伏的。不过这样的地势也给来到这里的人增添了很多游玩的乐趣。岛上林木葱茏，藤蔓缠绕。每一棵树都铆足了劲儿向上长着，在它们的衬托之下，整个岛屿都给人一种生机勃勃之感。尤其是那些已经生长了500年的红松林，它们一棵棵地站立在一起，分明就是一个天地间最完美的氧吧。自从踏上岛的那一刻起，耳边总会响起各种清脆悦耳的鸟鸣声和叮咚声的溪流……新西兰人十分珍爱这个小岛，细心地呵护着，让它不被破坏和污染。在新西兰的三大主要岛屿中，只有斯图尔特岛还保留着原始的天然景色，所以这里也成了几维鸟、黄眼企鹅、鹦鹉、威卡秧鸡、南岛黑背鸥们的天堂。

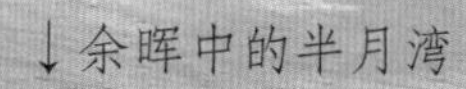

↓余晖中的半月湾

不过，在斯图尔特岛旅行一定要带上四季的衣服。因为小岛的天气就像是小孩的脸，说变就变，据说一天可以经历四季，上午可能还热得想扇扇子，到了晚上没准就会冻得直打哆嗦。

↑斯图尔特岛上的几维鸟

↑斯图尔特岛上的黄眼企鹅

我要去探险

索拉：小柚子！下一站我们就要到植物湾了！那可是我做梦都想去的地方哦！

小柚子：嘎嘎嘎……

索拉：植物湾就是个植物王国！那里的很多植物我们见都没见过！现在我们就去亲眼瞧瞧！

小柚子：瞧瞧！瞧瞧！

第17站
植物湾（悉尼）

时间：1770年4月29日

精彩回放

库克船长和他的船员们已经在海上漂泊了数日。这一天，他们终于找到了一个风平浪静的海湾。还没等船停稳，班克斯先生就冲了下去，钻进密林里寻找起了植物标本。就连库克船长都不得不佩服他的钻研精神。

站点简介

1770年4月29日，库克船长在澳大利亚东海岸的库奈尔半岛的一个小海湾登陆，并把大英帝国的旗帜插在了这块土地上，把它纳入了英国版图。从此这个从未被世人所知的大陆的历史便掀开了崭新的一页。随库克船长登陆的还有一个名叫班克斯的植物学家，他们发现这里丛林茂密，植物长势茂盛，种类也丰富，索性就把这里叫“植物湾”了。在这里逗留的七八天时间里，库克船长详细地考察了这里的环境、地理、气候和动植物，还将此地命名为“新南威尔士”。后来英国国王决定将大量的犯人流放到这里，还建立了著名的城市——悉尼。

↓库克登陆的纪念碑

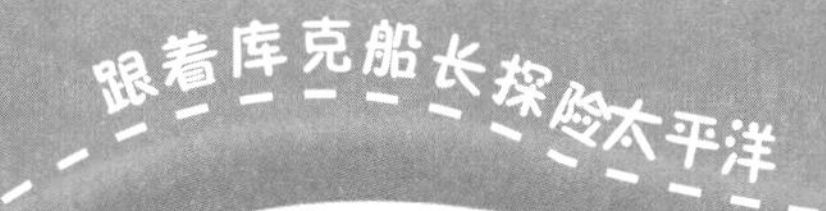

↑库克船长登陆植物湾

据说当年库克船长为了纪念第一次抵达澳大利亚大陆，还把这天的日期刻在了一棵橡胶树上。如今这棵橡胶树已经找不到了。不过后来人们在他登陆的植物湾建造了一座柱形石碑以示纪念。

↑登陆地

植物湾依山临海，在今天看来，依然是风光绮丽：崎岖的地形、陡峭的悬崖、葱郁的树木、松软迷人的沙滩，尤其是在蔚蓝的海水中，那块库克船长当年登陆的褐色大礁石，在海水侵蚀和岁月的洗礼下，已经是千疮百孔充满了沧桑感。植物湾还有独特的去处——索兰特海岬。每年的一个冬季和夏季，在这里能看见成群结队的鲸鱼准时出现在远处的海面上。据说，当初库克船长登陆的时候，曾看到过大量的黄貂鱼，于是将这里称为黄貂鱼湾。如果能看到成群的黄貂鱼优雅地“飞翔”也是一件非常幸运的事哦！

↓悉尼

库克船长在植物湾登录十几年后，1788年的1月26日，英国菲利普船长也率领他的“第一舰队”——一支有6艘运送囚犯的船队抵达了悉尼，于是这一天也就成了现在澳大利亚的国庆日。十二天之后的2月7日，菲利浦船长宣布成立新南威尔士殖民政府，他自己担任了第一任总督。

我要去探险

索拉：大堡礁！美丽的珊瑚！可爱的鱼儿！我马上就来啦！

小柚子：珊瑚！珊瑚！

索拉：你知道吗？大堡礁有“南半球的海底龙宫”之称呢！它的美丽在全世界都是数一数二的！这辈子不去看一眼大堡礁真是最大的遗憾！

小柚子：嘎嘎嘎……

第18站 大堡礁

时间：1770年6月11日

精彩回放

马上就要进入太平洋上最大的暗礁区了，库克船长嘱咐船员小心航行。这里的暗礁星罗棋布，想要顺利通过这里绝不是件容易的事。尽管每一个人都提高了警惕，可船还是在一个巨大的珊瑚礁上搁浅了！库克船长和船员们费了九牛二虎之力才摆脱了困境。

站点简介

澳大利亚昆士兰州的大堡礁一直以来都是人们心目中最完美的度假天堂。它以美轮美奂的珊瑚礁群闻名世界。大堡礁绵延2000多千米，是世界八大自然奇观之一，又被称为“透明清澈的海中野生王国”。这里的珊瑚瑰丽多姿，种类多达350多种。据说它们是经过1500多年的时间才演变成现在这番模样的。人们穷尽脑汁也无法准确地形容它们的美，索性就把这里称为“南半球的海底龙宫”。

要想领略大堡礁的美，当然是要到奇妙的海底走一遭了。穿

↑海龟也曾出现在库克船长的日志中

↑在库克命名的蜥蜴岛潜水

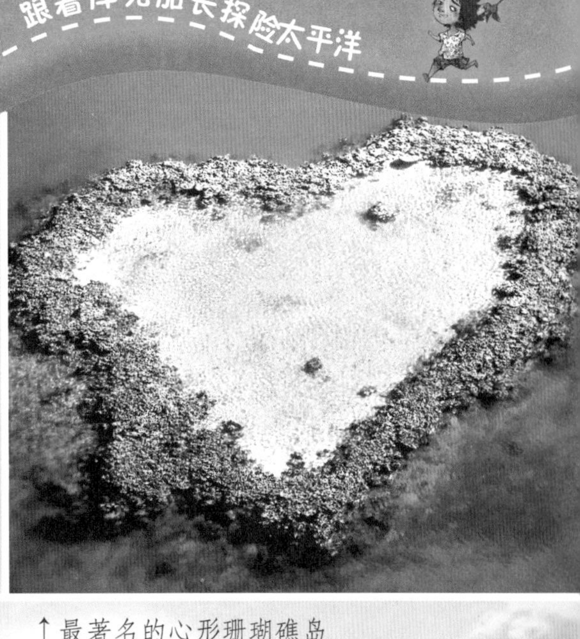

↑最著名的心形珊瑚礁岛

上蛙鞋，带上泳镜和呼吸管，背起氧气筒一口气扎到湛蓝的海水下，欣赏和触摸那斑斓的珊瑚，与五彩的鱼儿追逐前行，体验鲨鱼朝你慢慢游来时的心跳加速的感觉。时不时地会有一只憨憨的海龟在身边悄悄游过。珊瑚丛林也是海星们的大本营，当阳光透过海水照在它们身上时，会发出迷人的光芒，将海底装扮得更加美丽。如果坐上一架水上飞机，从高空俯瞰大堡礁，更是一种美妙的享受，那些散布在海面上的珊瑚礁岛隐隐相连，就像是洒在海面上的一颗颗碧绿的翡翠。也可以选一个风平浪静的时刻，坐着船底透明的小船穿梭在礁群中，清澈的海水下珊瑚摇曳多姿、鱼儿嬉戏着……如同梦幻一般的世界。大堡礁堪称地球上最美的“装饰品”，像一颗闪着天蓝、靛蓝、蔚蓝和纯白色光芒的明珠，即使在太空中遥看也清晰可见。因为它太美，所以很多人会莫名其妙地胡思乱想：“如果有一天大堡礁突然从地球上消失了，那该是一件多么让人悲伤的事！”

“为了令自己逃离这个不断扩大的珊瑚礁迷宫，我要向一些较高的陆地前进。”库克船长在日志中这样写道。当库克船长航行至大堡礁时仿佛陷入了迷宫，但却让库克船长发现了大堡礁周围2000千米长的海岸，可谓是因祸得福。

我要去探险

索拉：马上就要到雅加达喽！真是开心极了，那可是东南亚最大的城市之一呢！

小柚子：雅加达！雅加达！

索拉：雅加达一年四季都是花开不败。哦，对了！听说还有雄伟的清真寺。

小柚子：清真寺！清真寺！

第19站

巴达维亚(雅加达)

时间：1770年9月18日

精彩回放

这天下午大约四点钟左右，库克船长带领他的船队来到了雅加达。当他们把船停稳之后，发现锚地上停靠着几艘英国来的船。库克船长一方面立即派人上岸去告知这里的总督他们的到来，一面又下令叫人仔细检查和修理一下船。因为他担心就这样回欧洲的话，可能会有危险。

站点简介

作为印度尼西亚的首都，雅加达是东南亚第一大城市，同时也是世界著名的海港。“雅加达”的意思是“胜利和光荣之堡”。它以前的名字是“巴达维亚”。对于那些缺水的城市来说，气候湿润、绿树成荫的雅加达太让人羡慕了。流经全市的有10多条河流，可是在每年的汛期，河流就会像发了疯一样，从南边的高山上呼啸而来，眨眼工夫就将全市变成一片汪洋。所以，多年以来，如何治理水患一直是雅加达人最头疼的事。

雅加达是个人口众多、交通拥挤的城市。聪明的雅加达人因地制宜竟然发明了"自行车的士"，这种的士不仅便宜得多，而且还很环保，碰上堵车时，它的速度要比汽车快上很多。所以它就成了很多雅加达人出行的首选交通工具。

和很多城市不同，雅加达是个“新”和“旧”格外分明的城市。它的北面是旧城，临近海湾，那里坐落着很多像欧洲古堡一样的古迹，漫步在旧城的大街小巷，总能在不经意间让人有种穿越时空之感。旧城最漂亮的地方要数塔门法塔西拉广场，每天从早到晚，这里总是人潮涌动，小孩的打闹声、小摊主的叫卖声不绝于耳。

如果说旧城是一个老态龙钟的老爷爷的话，那么充满了现代感的新城就更像是一个时尚活泼的小青年。高耸入云的摩天大楼一栋挨着一栋，漂亮的花园式住宅区一个挨着一个，打眼一看就知道这里是富人区。在新城独立广场公园的正中央的印尼民族独立纪念碑有132米高，是一个用黄金铸成的火炬雕塑。坐电梯到达顶层的观景平台，可将雅加达的全貌尽收眼底。尤其是东北边的那座气派的伊斯蒂赫拉尔大清真寺，它白色的大圆顶在阳光下发出炫目的光。

↓雅加达

我要去探险

索拉：开普敦桌湾，开普敦桌湾！我马上就要见到你啦，哈哈！

小柚子：嘎嘎嘎……

索拉：不知道这里都有些什么好玩的？

小柚子：哦哦哦！

第20站

开普敦（桌湾）

时间：1771年3月14日

精彩回放

三月末的开普敦桌湾正值一年之中最漂亮、最有魅力的时候。库克船长细细地打量着眼前的一切，绝美的风景刹那间就把他连日来的疲惫一扫而光了！他打算在这里好好休整一下，然后再启程回国。

站点简介

开普敦坐落在南非的西随南端，是南非的第二大城市。在大航海的时代，开普敦号称是航海家和冒险家的“海上客栈”。现代开普敦依旧风光绮丽，有“小欧洲”的美誉。

所有去过开普敦的人一定知道桌湾的名气有多大。桌湾之所以叫“桌湾”，源于它身后的那座闻名全世界的桌山。而“桌山”也的确另类，它的顶端不是尖的，而是如被刀削过之后的桌面一样平坦。有人曾开玩笑地说它是“上帝的餐桌”。而常年的云雾缭绕更让桌山披上了一块迷幻的面纱。

作为开普敦的一个优良的天然海港，桌湾一年365天都是

↓库克船长到达开普敦桌湾

一派繁忙喧嚣的景象。清晨，伴随着海鸟的叽叽喳喳，一艘艘货船抛锚鸣笛，在平静的桌湾上激起一朵朵浪花，恋恋不舍地驶向远方。一到白天，码头的礁石上，数十头海豹会拖着肥胖的身躯慵懒地躺在那晒太阳，这是它们一天中最美妙的时光。夜幕降临，归港的船只彻夜霓虹灯闪亮，像是一颗颗散落在水面上的流星。而此时的桌山也在静静地凝视着发生在海湾里的一切。

在距离开普敦港口不到10千米的有一个著名的小岛——罗本岛，由于这里离好望角不太远，再加上大西洋寒流的光顾，这里气候变化无常，常常是狂风肆虐，巨浪滔天，有“死亡岛”之称，因此这里不光是船只的噩梦，还成了犯人的最佳流放地。恶劣的天气，冰冷的海水构成了常人无法逾越的屏障，让他们插翅难逃。

↓开普敦桌湾

南非前总统曼德拉曾在罗本岛度过了18年的岁月，仅有4.5平方米的囚室让大个子的曼德拉只能蜷缩着睡觉，想翻个身都很难。其实很久以前，这里生活着数不清的海豹，所以那时罗本岛也叫海豹岛。

我要去探险

索拉：小柚子，准备好了吗？向着圣赫勒拿岛出发！加油！

小柚子：出发！出发！

索拉：听说伟大的拿破仑曾在那里待过。我得去他当年住过的地方看看去。

小柚子：嘎嘎嘎……

第21站
圣赫勒拿岛

时间：1771年4月16日

精彩回放

库克船长和他的船在一望无际的大西洋上继续航行着。此时正站在船头的库克船长发现前面大雾弥漫，已经阻碍了他的视线。他是个好奇心极重的人，他决定朝那个方向驶去，好看个究竟。随着距离越来越近，一个小岛在大雾中若隐若现，库克船长激动地拉过助手，指给他看。

站点简介

一直以来，圣赫勒拿岛是一座孤寂的小岛，它静静地躺在南大西洋上，像是一个被人遗弃的孩子。偏僻的地理位置，加上崎岖多山的地形，曾有人发出了这样的感叹："它是世界最难接近的岛屿之一。"直到一个声名显赫的人物的出现，这座不起眼的小岛才为世人熟知。他就是大名鼎鼎的法国拿破仑，他在这里度过了生命中最后的岁月。

圣赫勒拿岛是因为火山活动从海面上冒出来的。抬头四顾，处处都是陡峭的黑色悬崖，有的就像是锋利无比的刀刃一样插在那里，令人望而生畏。不过，冷峻的圣赫勒拿岛也有着美丽的一

↓朗伍德别墅

↑巨龟

面：南部桑迪湾的怪石嶙峋和绿草茵茵的欢快山相映成趣。而当年拿破仑最喜欢在欢快山的狄安娜峰上举行午餐。这里有一个死火山口，周边矗立着狼牙般的尖峰，透着一股野性之美。也许你有所不知，当年著名的植物学家达尔文到圣赫勒拿岛时，却称赞它是“物种的天堂”。在幽深的天竺葵峡谷，红杉、无花果树、桉树把这里装点的郁郁葱葱；花色奇特的圣赫勒拿蝴蝶在海芋、曼陀罗等娇艳欲滴的花丛中翩翩起舞，使小岛显得生机勃勃。如果运气好，漫步在海边没准还能碰上一只巨大的巨龟，然后骑在它背上溜达一圈。据说当年达尔文就这样干过。沿着鹅卵石铺就的曲折小路行走，就能看到当年拿破仑居住过的朗伍德别墅。屋子四周的灌木丛修剪得整整齐齐，室内清新整洁，好像主人刚刚离开一样。最后拿破仑墓一定是要凭吊的，鲜花掩映的墓地正对着的就是绰号“魔鬼大酒杯”的深谷，也许当年的拿破仑常常站在这里远眺家乡吧！

↑凭海远眺的拿破仑

↓拿破仑墓

1502年5月21日，葡萄牙探险家诺昂·达诺瓦发现了圣赫勒拿岛。由于当天是天主教圣徒圣海伦娜的纪念日，于是他就把它命名为了“圣赫勒拿岛”。此后，它就成了航海家们避难和休养的天堂。

THE SECOND VOYAGE OF

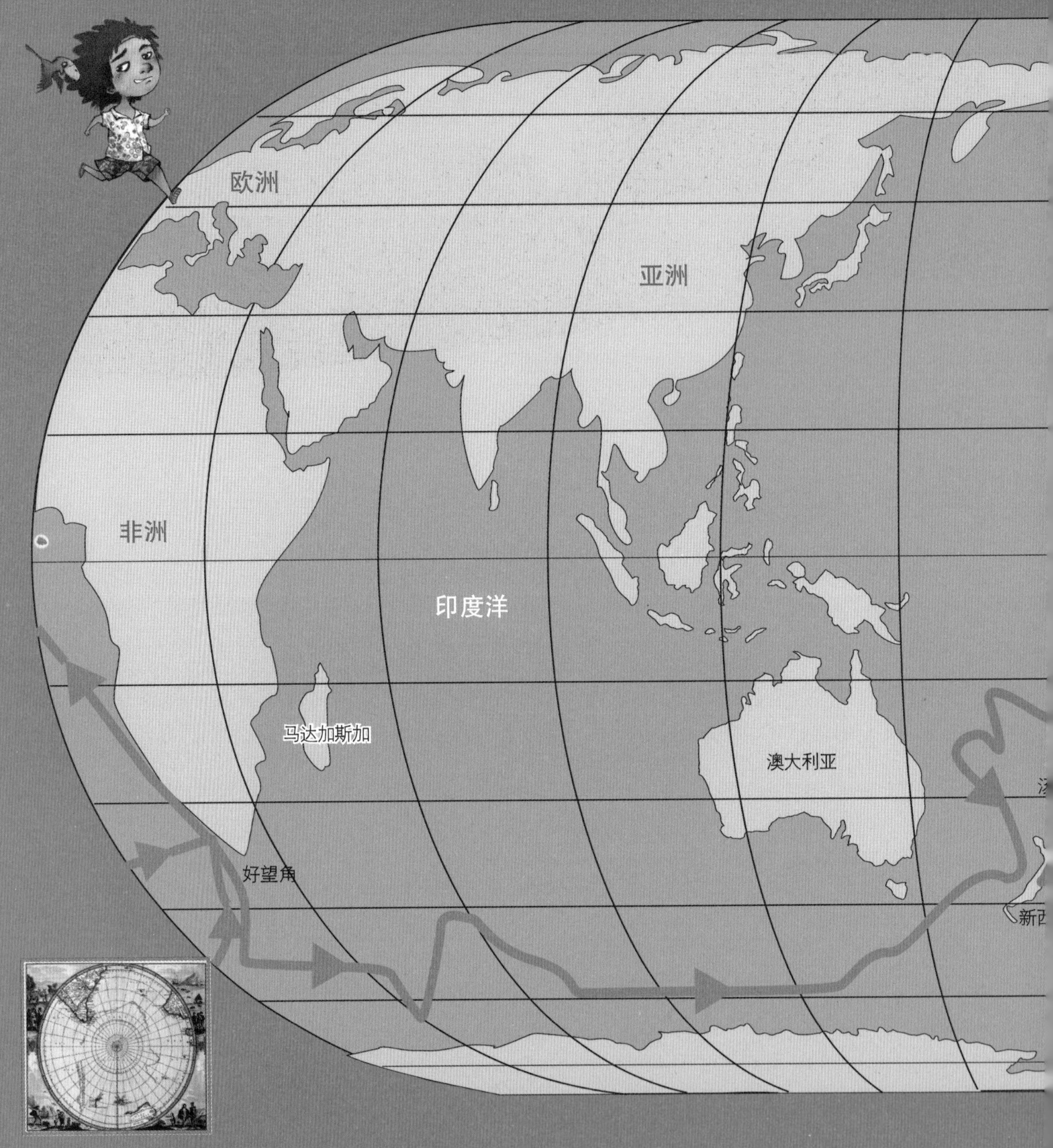

1772年～1775年库克船长率领“奋进”号和“冒险”号再次从普利茅斯出发寻找“南方大陆”。为此，他带领船队一直深入到太平洋南端，直抵南极冰山地带。结果证实“南方大陆”并不存在。然而通过此次航行，库克船长对南半球的水域情况有了基本的了解，这直接促使英国在那里开辟了多条连结南太平洋、印度洋和南大西洋的航线。而

1772-1775

CAPTAIN COOK

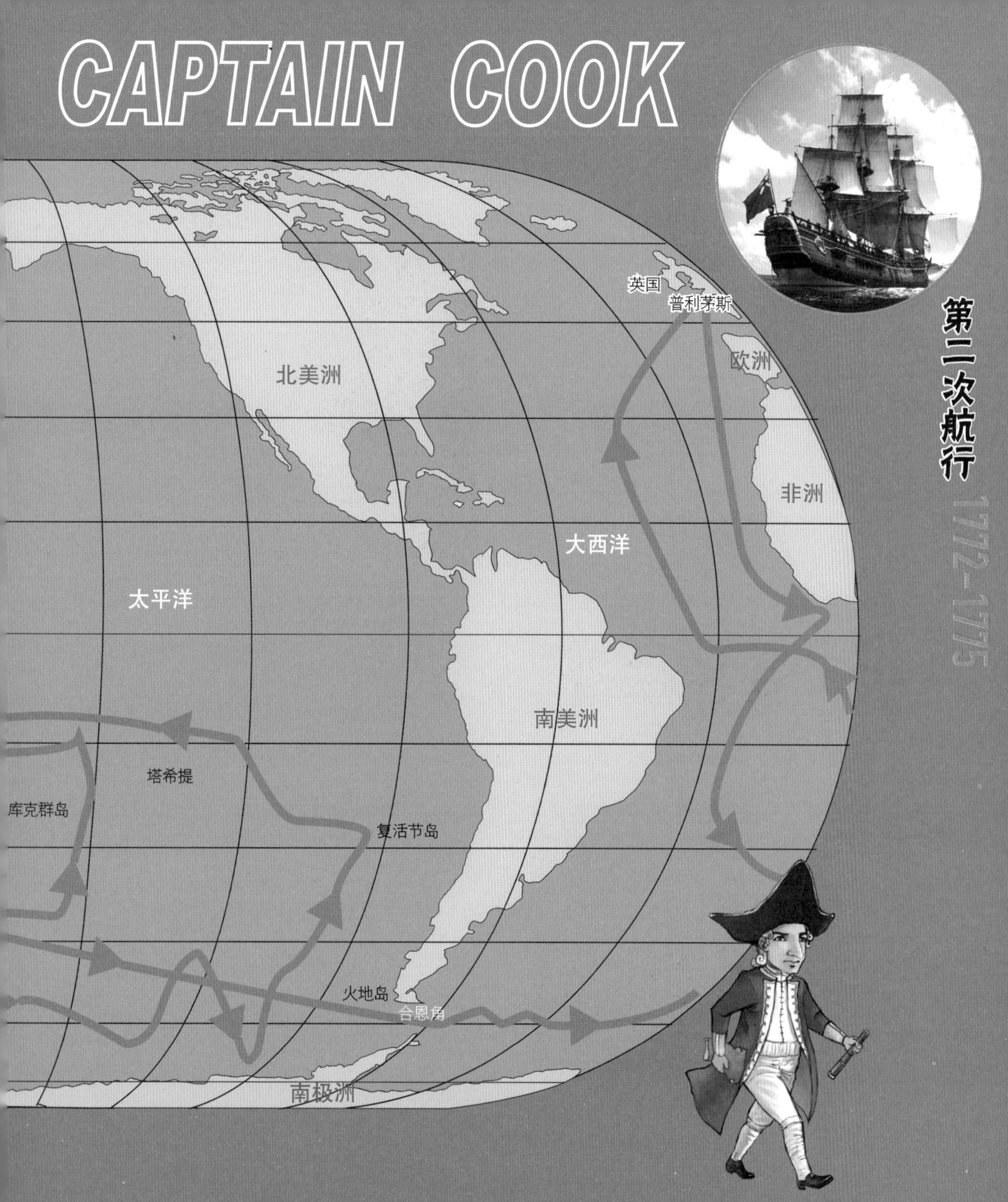

第二次航行 1772-1775

另一个重要成就是，库克船长使用了由英国钟表匠拉科姆·肯德尔制作的K1型经线仪器，这是一个精密的制作航海图的仪器，在这个仪器的帮助下，库克船长得以在航海途中能够更精确地计算自己的所在位置，并且还绘制出了一张精确的南太平洋航海地图。

1772-1775

我要去探险

索拉：小柚子！你知道“世界第八大奇观”是哪里吗？它就是我们要去的米尔福德峡湾！

小柚子：嘎嘎嘎……

索拉：不知道去那里能发现什么美景？

小柚子：期待！期待！

第1站

米尔福德峡湾

时间：1773年

精彩回放

库克船长已经和他的船队渐渐靠近米尔福德峡湾了。抬头看看两岸的悬崖峭壁，库克船长惊叹不已。他们是第一批来访的欧洲人。库克船长和他的船员们在这里一共停留了五个星期，在此期间，他也为这里绘制了一张详细的地图。

站点简介

在新西兰南岛的南端有一个米尔福德峡湾。在毛利人的语言里，“米尔福德峡湾”是“第一只野生画眉”的意思。根据他们的传说，峡湾是图特拉基法诺阿神用神奇的扁斧开凿出来的。这个峡湾是由冰川侵蚀河谷所形成的，两岸是峭壁巍峨，山峦宏伟，飞瀑流泉，冰川莹莹，树木葱茏……难怪

↑米尔福德峡湾突兀嶙峋的峭壁和伟岸高耸的山峦

当年英国作家吉普林看到这里的美景时，惊叹它是“世界第八大奇观”。

在米尔福德峡湾最好是乘船游览，两岸美轮美奂的风光会让你如痴如醉。在风平浪静的日子了，海水倒映着壮美的麦特尔峰，万仞峭壁好像在默默注视着你，一条条如练的瀑布或细长柔美，或咆哮澎湃，从数百米高的地方飞泻入海。尤其是在骤雨之后，悬崖上千瀑齐泻，宛若天河决堤，而一道道斑斓绚丽的彩虹随着瀑布悬挂在峭壁之上，终年积雪的山峰也从云雾中露出了真面目，耸立在阳光之下，真是壮观极了！

险峻的麦特尔峰是新西兰著名的地标之一。麦特尔意即主教的法冠。的确，它从南方看过去很像是“主教的法冠”，它让如诗如画的米尔福德峡湾锦上添花。

↑在米尔福德峡湾风平浪静的日子里，海水会倒映出壮美的麦特尔峰的曼妙的薄雾，美丽至极。

我要去探险

索拉：小柚子，你知道拉罗汤加岛是库克群岛最大、最重要的岛吗？

小柚子：哦哦哦！

索拉：这里可是潜水观鲸的好去处呢。

小柚子：是的！是的！

↑库克群岛美食

第2站

库克群岛

时间：1773年9月

色彩斑斓的Rimitara鹦鹉被称为太平洋地区“最漂亮的鸟”失踪了两百多年，但现在它又在此出现在了库克群岛阿蒂西亚岛屿上并正在适应岛上的新生活。

精彩回放

在茫茫大海上漂泊的滋味并不怎么好受。别说是船员们了，就连库克船长自己也有些厌烦了。不过，他时刻都在提醒自己要振作起来，给大家做个好榜样。一个个小岛终于出现在眼前了，这让他们非常的兴奋。

↓草裙舞蹈是库克群岛人钟爱的传统舞蹈

站点简介

1773年9月，库克船长的探险发现了南太平洋上的一个群岛，并命名为赫维群岛，而后人为了纪念他习惯称它为库克群岛。这个远离喧嚣的群岛由十五个岛屿组成。它的主岛名叫拉罗汤加岛，当地人都亲切地称它为“拉罗”。从空中往下看，拉罗汤加岛就像是一颗碧绿的翡翠被珊瑚礁簇拥着，在白色细腻沙滩的衬托下，显得格外耀眼醒目。

艾图塔基岛可以说是库克群岛最好玩的地方，它也是一个由美丽的珊瑚礁环绕的岛屿，世界著名的潜水圣地之一。当你漂浮在湛蓝澄澈的海水中，七彩鱼儿在你的周围穿梭，让你仿佛来到了一个梦幻般的童话世界！

远离现代都市侵扰的库克群岛至今保持着原汁原味的自然风光和风俗人情。库克群岛人最爱跳草裙舞，这是他们生活中不可或缺的活动之一，也是他们彼此传情达意的重要方式。淳朴而浪漫的库克群岛人还喜欢在海边举行别开生面的婚礼，让大海、沙滩、阳光、椰林来见证他们对爱的承诺，因此库克群岛还有南太平洋上的“婚礼圣地”之称。

↑Rimitara鹦鹉

↑婚礼圣地

↑美丽的拉罗汤加海滩

我要去探险

索拉：小柚子，我跟你说哦：到了友谊群岛，我要把香蕉和椰子吃个够，不把肚子吃撑，我绝不离开！
小柚子：吃吃吃……
索拉：我还要看日出！
小柚子：嘎嘎嘎……

第3站

友谊群岛（汤加）

时间：1773年10月

站点简介

如果要欣赏世界上第一缕晨光，那么就去汤加吧！这个由170多个大大小小岛屿组成的群岛如珍珠一样镶嵌在南太平洋上。1773年10月，库克船长来到了这里时，岛民对他们热情而友好，库克船长打心底里十分感动，就把这里取名为友谊群岛。

汤加热带雨林遍布，郁郁葱葱。和静谧的雨林形成鲜明对比的是波涛汹涌的海岸。岸边的礁石在巨浪的常年拍击下侵蚀出了数不清的孔洞，这些孔洞千奇百怪，而且洞洞通天，每当涨潮时，海水从孔洞中穿出，涌向空

↖汤加的喷潮洞

精彩回放

一连很多天，库克船长和他的船员们都在大海上漂，连个人影都见不着，无聊至极，只能看到海鸟在蓝天和海面之间飞翔。终于他们又发现了一个群岛，这就是友谊群岛。而且岛上的土著人个个都很热情，这让他们多少有些受宠若惊呢！

中，喷涌出高达数十米的水柱，在阳光下炫目耀眼。于是当地人就给它取了一个很贴切的名字——“喷潮洞”。对于这道南太平洋上独特奇观，汤加人有着说不出的自豪。

↑汤加人以胖为美

汤加人心目中最漂亮的岛是瓦瓦乌群岛，这个群岛位于汤加群岛的北部，由50多个色彩斑斓的岛屿组成，这里林木茂盛，一个个如蓝宝石般的礁湖点缀在绿树丛中。一条条小海湾紧紧地贴在群岛的周围，海水湛蓝透明，就连那千姿百态的海底珊瑚都能看得清清楚楚。

↑汤加最有名的历史地标——毛依三石塔

生活在汤加群岛上的人算得上是世界上最幸福的人了。不仅终生与美景相伴，还因为他们是世界上最先迎接太阳的人。这是因为国际日期变更线正好从汤加群岛的东部穿过，这样一来，汤加就成了“世界上日出最早的国家”。另外汤加人以胖为美，大可不用为减肥而煞费苦心。

汤加群岛上有一种奇怪的狐狸，人们都叫它“飞狐”。这是一种样子可怕，性情温和的动物。飞狐有一个习惯，就是喜欢头朝下，两只爪子挂在树枝上。如果不仔细看的话，肯定会错以为是树的果实呢！

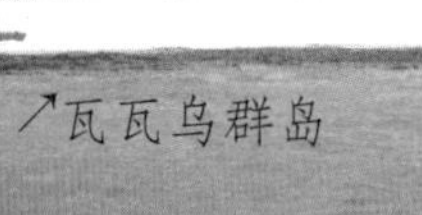

↗瓦瓦乌群岛

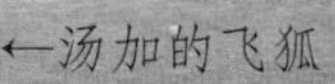

←汤加的飞狐

我要去探险

索拉：小柚子！别偷懒！快跟上，复活节岛就在前方啦！听历史老师说那里有很多巨大的神秘石像，咱们赶紧去看看吧！

小柚子：石像！石像！

索拉：看完石像之后，我还想去爬山参观那些奇特的石屋呢！

小柚子：嘎嘎嘎……

第4站

复活节岛

时间：1774年2月

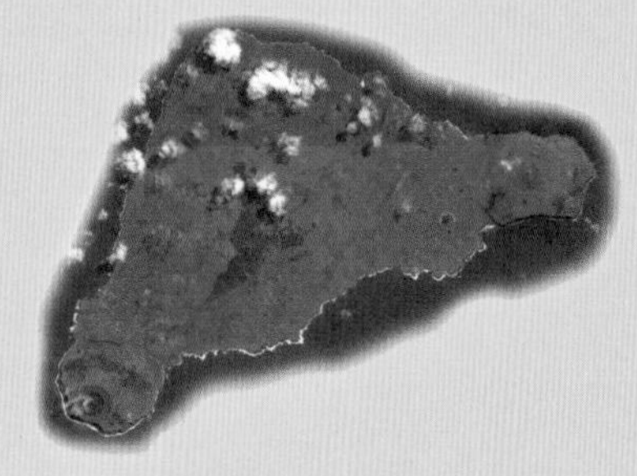

精彩回放

库克船长自从来到复活节岛之后就惊喜不断。他发现岛上矗立着很多石头雕像。他觉得这些雕像特别好玩，于是就下令对它们进行测量。而且还把这件事详细地写进了自己的日记里。另一个惊喜是，他还发现岛上除了这些雕像之外还有三个巨大的火山口！

站点简介

复活节岛这个名字是外地人对它的称呼。在当地，人们都叫它“拉帕努伊岛”，也就是“世界的肚脐”的意思。在很早以前，复活节岛如一片树叶一般，静静地躺在浩瀚无际的太平洋上，与世隔绝。据说，直到1722年的复活节那天，荷兰的探险家雅可布·洛吉文在南太平洋上航行时，无意间发现了它。他以为自己发现了新大陆，结果上岸后才知道这是个海岛，于是就将之命名为“复活节岛”。复活节岛呈三角形，巧合的是在三角形的每个角上都矗立着一座火山。左边角上是拉诺考火山；右边是拉诺拉拉库火山；北方角上是拉诺

英国画家威廉·霍奇斯于1775年绘的复活节岛。

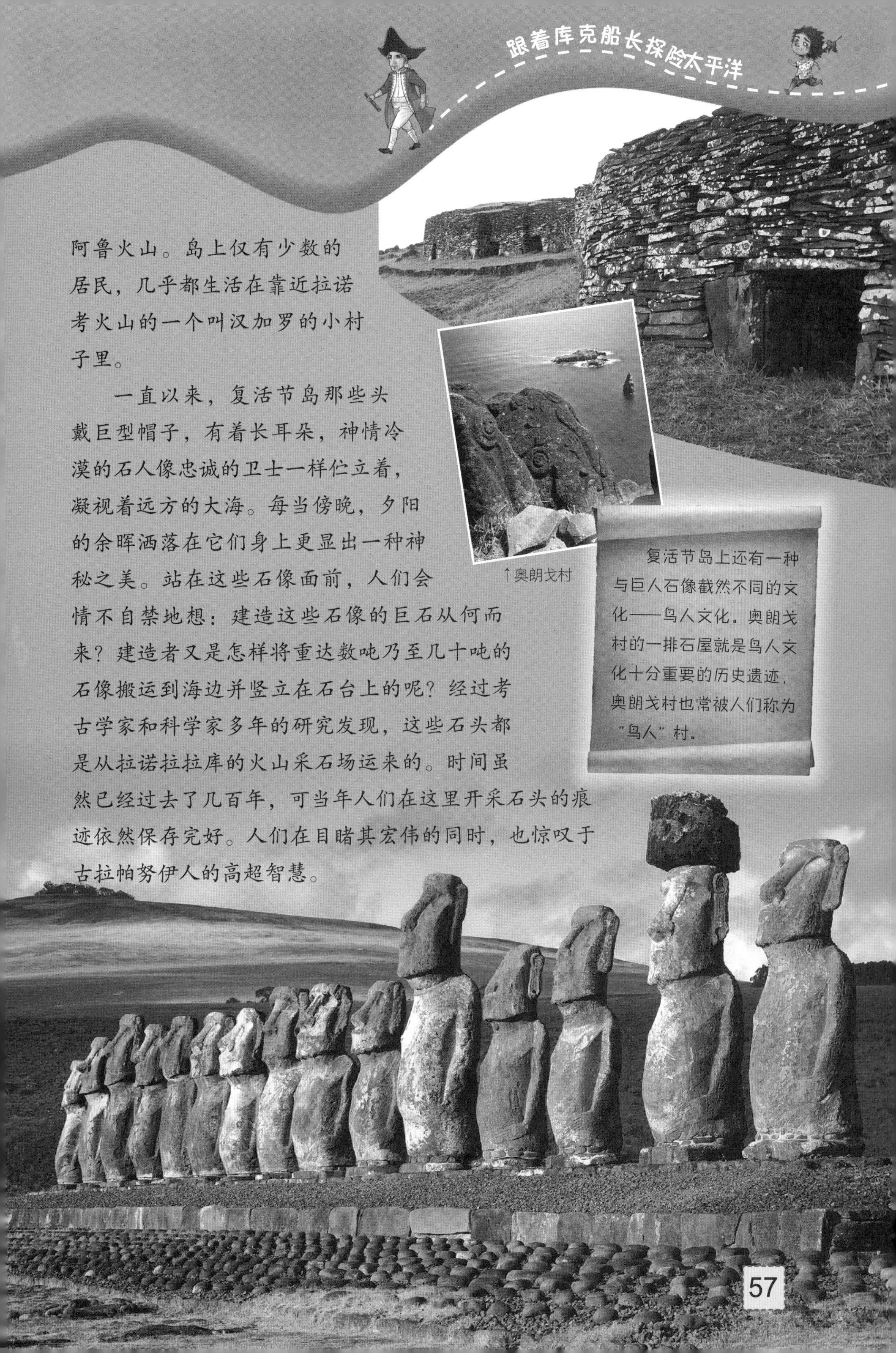

阿鲁火山。岛上仅有少数的居民，几乎都生活在靠近拉诺考火山的一个叫汉加罗的小村子里。

一直以来，复活节岛那些头戴巨型帽子，有着长耳朵，神情冷漠的石人像忠诚的卫士一样伫立着，凝视着远方的大海。每当傍晚，夕阳的余晖洒落在它们身上更显出一种神秘之美。站在这些石像面前，人们会情不自禁地想：建造这些石像的巨石从何而来？建造者又是怎样将重达数吨乃至几十吨的石像搬运到海边并竖立在石台上的呢？经过考古学家和科学家多年的研究发现，这些石头都是从拉诺拉拉库的火山采石场运来的。时间虽然已经过去了几百年，可当年人们在这里开采石头的痕迹依然保存完好。人们在目睹其宏伟的同时，也惊叹于古拉帕努伊人的高超智慧。

↑奥朗戈村

复活节岛上还有一种与巨人石像截然不同的文化——鸟人文化。奥朗戈村的一排石屋就是鸟人文化十分重要的历史遗迹，奥朗戈村也常被人们称为“鸟人”村。

我要去探险

索拉：我要去马克萨斯群岛骑马喽！小柚子！我们一边骑马，一边摘路边的果子吃，好不好？

小柚子：好！好！

索拉：这些都是我听别人说的，我还没亲眼见到过呢。怎么还不到啊？

小柚子：哦哦哦……

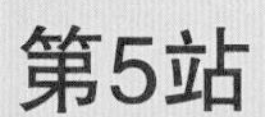

第5站

马克萨斯群岛

时间：1774年3月

精彩回放

库克船长一直在太平洋上兜圈子，他一心想找到那个传说中的“南方大陆”，可一无所获。他不得不带着失望的心情向新西兰航行。让他万万没想到的是他竟然发现了马克萨斯群岛！库克船长为这个新发现激动不已，赶忙找出海图，把这个群岛绘制在了海图上。

站点简介

马克萨斯群岛是太平洋中南部的一个群岛，由12个大小火山岛组成。岛上崎岖多山，最高点是海拔1200米的特梅蒂乌山。大片肥沃的河谷分布在山地和海岸之间的地带。这是岛民们心中的“宝地”。马是岛上居民的重要交通工具。无论是在大街小巷、还是幽静小径都能看到马儿矫健的身影。

偏居一隅的马克萨斯群岛蓝天碧水，阳光灿烂、青黛色的山峰犹如竖起的画屏。这俨然就是一个“世外桃源”。因此当法国著名的印象派画家高更刚来到这里时就被深深地迷住了。因此由于作画需要，他需要强烈的阳光和浓烈的色彩来激发灵感。而金合欢、椰子树、紫藤和面包树……完全能满足他的需要。他在给朋友的信中高

大约在2000多年前，波利尼西亚人就到马克萨斯群岛定居了。他们还创造出独特的纹身文化，虽然纹身是一件很痛苦的事，可他们却乐此不疲。纹身图案遍及全身，甚至会把花纹绘制在头皮、眼皮和嘴唇内部，而那些会纹身的匠人在岛上更是备受尊敬。

度赞美马克萨斯群岛："我向你保证，从绘画的角度来看，它极为美丽！……线条凌厉的山峰，紧紧挨着海，整个群岛都是自然的生长气息，丰腴多汁的花朵，味道纯正的果实，就连马克萨斯群岛的女人们，无论年纪大小，都留着一头长发，乌沉沉的坠在脑后，岛上没有一家发廊，也没有美容店，女人们就和岛上的植物一样，肆意地自由着……"

希瓦瓦岛是马克萨斯群岛中最招人喜欢的小岛，也是马克萨斯群岛的花园。沿着小岛的海岸线，有一片漂亮的沙滩，银白色的沙砾在阳光下熠熠生辉，清澈的海水蓝中带绿，绿中泛蓝。岛上高更的故居——"欢愉小屋"已经成了高更博物馆。这是他绘画创作并度过了生命最后时光的地方。现在这座小屋里面陈列着他所有作品的临摹品，站在他的作品前，仿佛能感受到这为伟大的艺术大师的气息……

↑高更的"欢愉小屋"

↑高更的墓

←美丽的小教堂

索拉：小柚子，快看！前面有烟花表演嘛？

小柚子：烟花！烟花！

索拉：我想起来了！我听爸爸说过，在新赫布里底有一座非常奇怪的火山，人能站在它的边缘看它喷发的样子！看来爸爸说的一点都没错！

小柚子：嘎嘎嘎……

第6站

瓦努阿图（新赫布里底）

时间：1774年7月

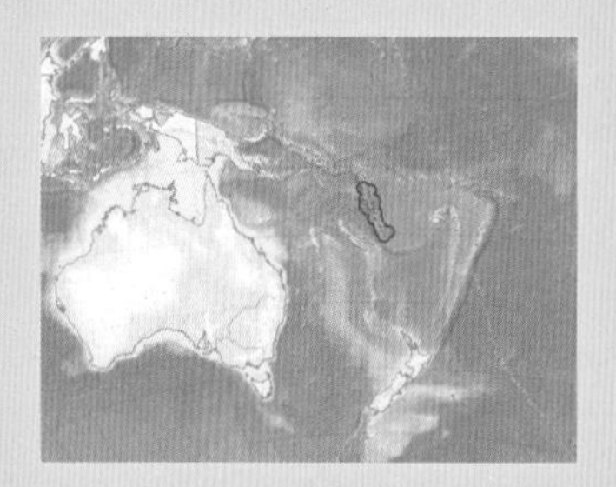

精彩回放

在离开了马克萨斯群岛大约3个月后，库克船长又来到了一个群岛上，他将其命名为新赫布里底群岛。

已经慢慢开始朝新赫布里底群岛靠近了！当库克船长的脚正式登上这座群岛时，他首先做得第一件事就是对这个群岛进行一番仔细的考察。

站点简介

新赫布里底群岛（瓦努阿图）是太平洋西南部的一个群岛。传说大地之母在一次火山喷发中把她藏在海底的珍珠抛出海面，散落在南太平洋上，于是便形成了数十个大大小小的岛屿，这就是今天的瓦努阿图。从飞机上向下看，瓦努阿图呈“y”字形，冒着滚滚白烟的活火山在苍翠欲滴的热带雨林衬托下，呈现出别样的韵味。而在夜晚，火山口处上方的天空被火红的熔岩映照得特别红、特别亮，犹如悬着一个大大的红月亮，壮观之极。尤其是位于塔纳岛著名的亚瑟火山，远远望去不断地向上喷发岩浆，像是正在举行一场盛大的烟花表演。

瓦努阿图男孩的成人仪式——蹦极→

你知道吗？瓦努阿图还是蹦极运动的发源地。在瓦努阿图的彭特科斯特岛上，你能看见一个高高的木架耸立在一个大大的斜坡之上，这就是当地人用来蹦极的最简单的工具。瓦努阿图男孩长到12岁要举行成年礼，用藤条捆住脚踝从搭建的木制塔上向下跳，没有任何保护措施，谁跳得最高，就代表谁最勇敢。

维拉港是瓦努阿图的首都，它三面环山，一面临海，是航海者理想的天然避风港，也非常繁华热闹。值得一提的是，维拉港还有一个独一无二的“水下邮局”，在这里邮寄一封信是非常有纪念意义的。

瓦努阿图是一个充满了原始风情的岛国，世代生活于此的土著人过着淳朴的田园生活，他们腰系一块布，居住在茅草屋里，靠捕猎和采摘森林中的果实维持最基本的生活，简单而快乐。这些土著人还有一种祖祖辈辈传下来的“绝活”——用手指在沙地上作画，并且艺术水准很高哦。

↑维拉港的水下邮局

↑瓦努阿图用手指作画的土著居民

我要去探险

索拉：老早就听说新喀里多尼亚是个特别美的地方！想必它的景色应该不错吧！

小柚子：不错！不错！

索拉：小柚子！你能想象一下那里有多么美吗？我恨不得插上翅膀一下子就飞过去！

小柚子：飞飞飞……

第7站

新喀里多尼亚

时间：1774年9月4日

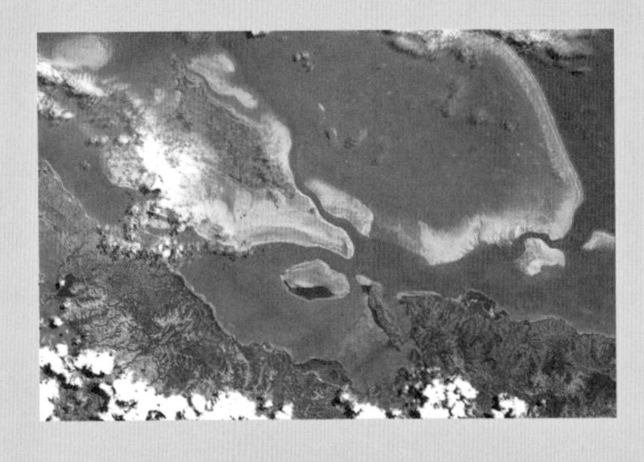

精彩回放

当新喀里多尼亚岛渐渐进入库克船长的视线里时，库克船长有些目瞪口呆，因为他发现这是一个美丽得无以言表的地方。船员们也像是走进了上帝的后花园一样，个个兴高采烈，不是拍手，就是跺脚。

站点简介

在新喀里多尼亚岛上一直流行着这样一句话："上帝在建造它的时候心情特别好，所以将它塑造地十分美丽。"新喀里多尼亚岛地处南太平洋的中心，具体位置就在澳大利亚和新西兰之间，岛屿被美丽的珊瑚礁和葱郁茂密的原始森林所环绕，从飞机上向下看，好像在这些岛屿的外围串起了无数美丽的白色浪花。其实在那些白色浪花的深处，一群群鲨鱼隐匿其中。

被称作'世界尽头的天堂'的新喀里多尼亚岛的美不是浪得虚名的：四季如春的气候、洁白迷人的沙滩、尖尖的小茅屋、令人垂涎的法国美食……吸引着世界各地游客纷沓而至。

很多来新喀里多尼亚的人都是冲着松木岛来的。传说，松木岛是世界陆地的尽头。早在一百多年前，这里曾是法国囚犯流放的地方。踏上小岛，就能看见被岁月洗刷的斑驳的监狱遗址。一百多年过去，监狱的大门已经倒塌，只有门前的教堂还屹立在那里。踩在楼梯上，能听到陈旧的木板发出吱吱呀呀的声音。穿过古老幽静的树林，一处静静的美丽海湾就会出现在面前。随着距离的延伸，海水也从浅至深，浅蓝、湖蓝、碧绿，阳光下波光粼粼，倒映着岸边的松树林。随着夕阳西下，沿着海边漫步，海面被落日的余晖染成了金色。这一瞬间，小岛褪去了白天惊艳神奇的美丽，椰树婆娑，只听见风吹过松树林的哗哗声，令人心旷神怡。

有人说新喀里多尼亚岛渔民是世界上最幸福的渔民，他们不费力气就可以收获颇丰。他们不需要迎风斗浪去捕捞，只需要在家门口的珊瑚礁70米的外围围上堤坝留一个小口，当涨潮的时候，潮水会将鱼冲进堤坝。落潮时，鱼就找不到出去的小口只能在珊瑚礁上搁浅，这时只要拿着鱼叉就可以轻松捕到鱼了。

新喀里多尼亚用叉子捕鱼的渔民→

↓新喀里多尼亚岛上的破败的监狱

我要去探险

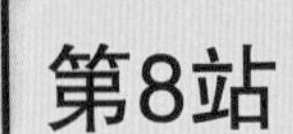

索拉： 这里的气候可真糟糕啊！太冷了！我都快冻得不会说话了！

小柚子： 嘎嘎嘎……

索拉： 这风可真大，别把我们俩吹跑了啊！

小柚子： 风风风……

↑格瑞特威肯

第8站

南乔治亚岛

时间：1775年1月17日

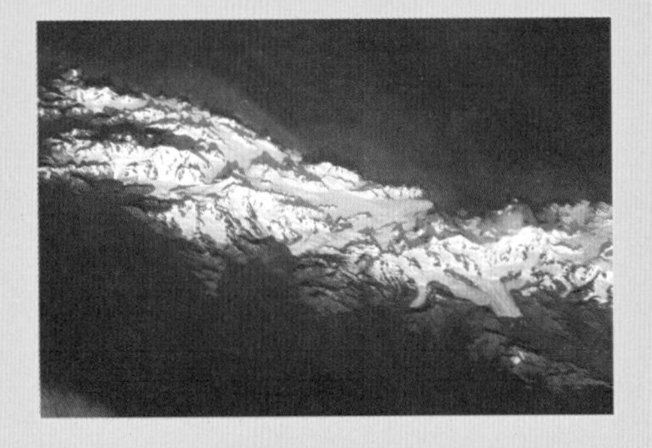

南乔治亚岛上有一个叫格瑞特威肯的地方。在这里横七竖八地躺着很多巨型鲸鱼残骸、废弃的油轮和白色的灰泥房屋。这里曾是一个著名的捕鲸站，在鲸鱼被捕杀一空之后，这里渐渐就变成了一座荒芜凄凉的死城。

↑鲸

↓信天翁

精彩回放

库克船长一直像南航行，气温也越来越低，热带风情的岛屿已经远去。船的四周到处都是浮冰，在这里航行要格外小心。库克船长当即下令船上的每个人要睁大眼睛，确保安全。“难道这就是南极大陆吗？”库克船长不停地在心里念叨。过了一会儿，他拿出日记，在上面写道：这是一个“冰之岛屿”。

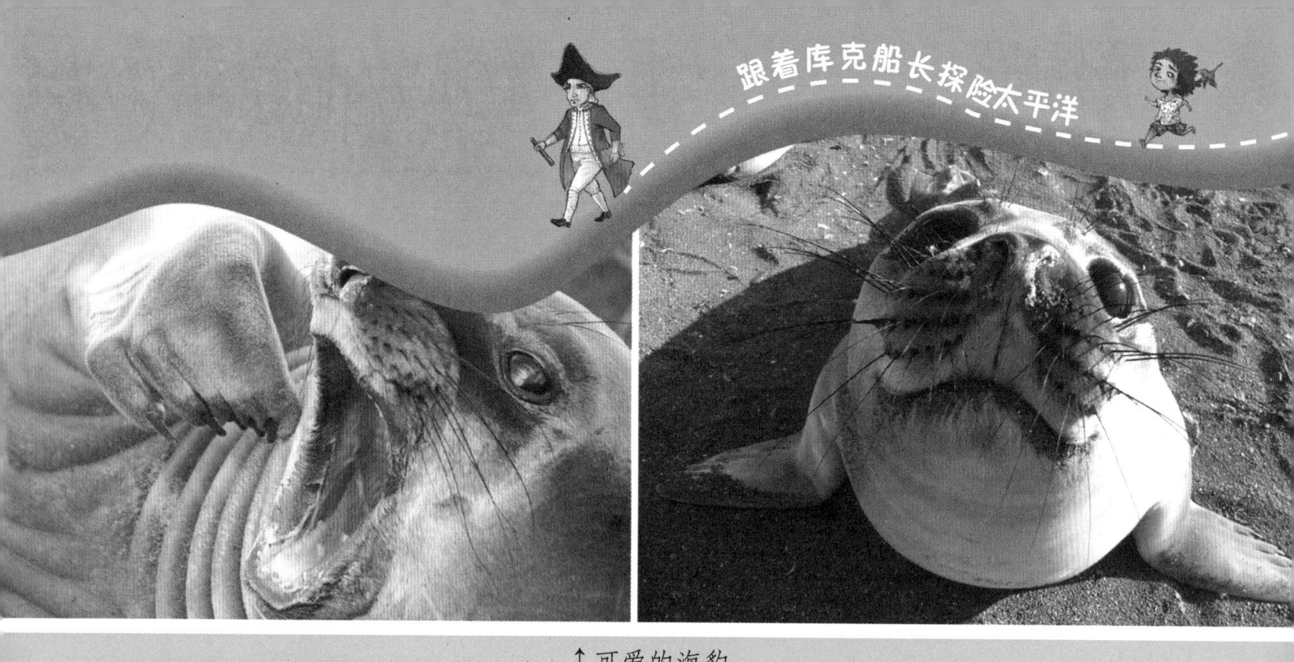

↑可爱的海豹

站点简介

作为南极的前哨，南乔治亚岛是一座令人称奇的岛屿：悬崖峭壁、深邃峡湾、冰峰雪原、暴风酷寒、荒凉无际是这里给世人留下的最深刻的印象。南乔治亚岛最让人吃不消的是变幻莫测的天气，前一刻还是阳光灿烂，下一刻就电闪雷鸣、雨雪交加，一转眼又晴朗如初。因此恶劣的环境决定了这里的植物不能长太高，一些苔藓、地衣都尽量伏在大地上，免受狂风的摧残。可严酷的自然环境却让一些生灵乐在其中，比如鸬鹚、南极雪燕、信天翁、企鹅、海豹、鲸等动物，它们给这片荒凉之地增加了生机，从而使这里获得了“南极野生动物天堂”的美称。众所周知，南乔治亚岛是企鹅和海豹的王国。在这里你会看到步态蹒跚、身穿燕尾服的“南极绅士”和憨态可掬的海豹和谐共处的拥挤场面，企鹅们摇摇摆摆地穿过海豹的“营地”走向海里；海豹们则慵懒地躺着，张嘴打着呵欠；海燕和信天翁在挤满企鹅和海豹的海滩上空盘旋；远处，巨鲸在风浪中翻腾跳跃、忽隐忽现……这就是南乔治亚岛的魅力与神奇！

↓王企鹅

THE THIRD VOYAGE OF

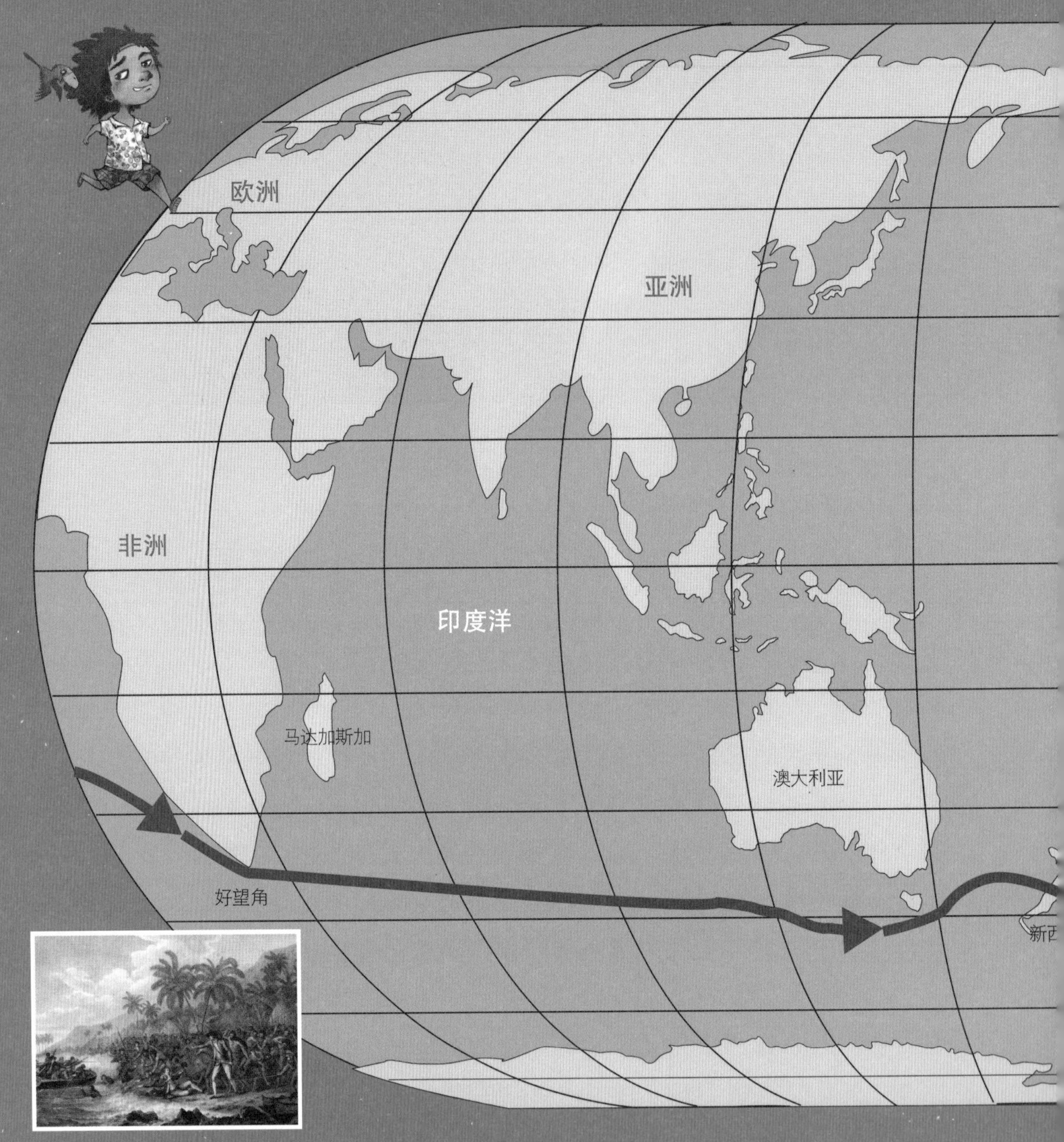

1776年7月12日，库克船长又一次率领“奋进”号和“冒险”号从普利茅斯出发，开始了他的第三次航海探险之旅。1777年10月，到达塔希提岛短暂休整后，随即向北进发，在12月24日平安夜发现圣诞岛（今属基里巴斯），1778年1月又发现了夏威夷群岛，并成为首批登陆该群岛的欧洲人。之后，库克的船队继续向东北方进发，到达了北美洲俄勒冈沿岸。他们一直向北上溯至白令海峡，在1778年

1776-1779

CAPTAIN COOK

第三次航行

8月14日进入北极圈。但是受冰山和冰封的海面阻隔，库克只好决定向南折返，于1779年的1月6日返回夏威夷群岛。在这里愉快的逗留了大约一个月。1779年2月4日又重新出发了，再一次向北航行。然而，在出发后不久，船只就出现了损毁，库克不得不率领船队又一次回到夏威夷群岛。1779年2月14日，库克的船员们与岛上的土著人发生冲突，库克船长不幸身亡，从此结束了他充满传奇的一生。

1776-1779

我要去探险

索拉：圣诞岛！这名字可真好玩呀！难道这是圣诞老人的家乡吗？！

小柚子：圣诞！圣诞！

索拉：要是能在这里看到圣诞老人该多好呀！听说那里的海滩是红色的！太不可思议了！

小柚子：嘎嘎嘎……

第1站

圣诞岛

（今属基里巴斯）

时间：1777年12月24日

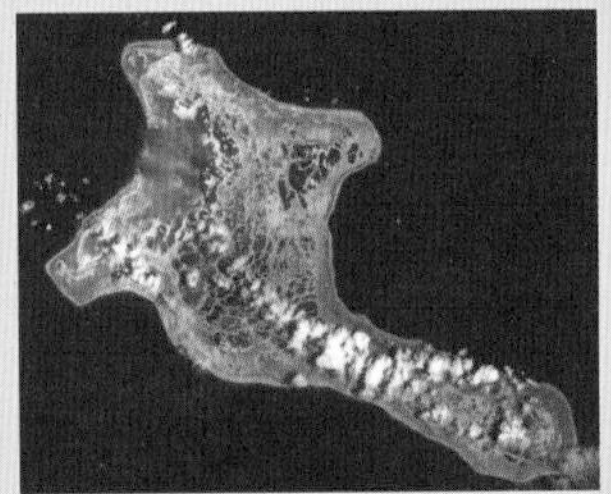

精彩回放

这天库克船长的心里有点不是滋味，因为今晚就是平安夜了。如果自己没有出海的话，现在正和家人一起过圣诞节呢！可当他踏上圣诞岛，踩在岸边细腻的沙滩上时，心情突然豁然开朗起来。这里很美，库克船长不停地指指点点，跟身边的船员们分享着眼前的美景。

站点简介

当年库克船长来到这个岛上时正是圣诞节前夕，于是他就把这个岛屿叫“圣诞岛”。圣诞岛是属太平洋中南部的岛国基里巴斯所属的一个珊瑚岛。它的面积很小，看地图时如果不仔细一点，都会忽略掉。尽管如此，它也有让人叫绝的地方。比如它拥有全球最古老，也是全球最大的环状珊瑚岛，岛内侧细浪轻柔，岛外侧暗礁重重。海滩也是圣诞岛最美丽的地方。这里的沙滩是由珊瑚碎片形成的，在阳光下熠熠发光，细细的白沙踩上去非常的绵软。站在银白色的沙滩上朝岛上看去，成片的繁茂森林青翠欲滴。遍地挺

拔的槟榔、叶大如伞的热带山芋、香蕉、菠萝和面包树也都争着在这里凑热闹，好像谁都觉得自己特别牛气。可能是被这里的美景索诱惑，很多海鸟都喜欢飞到这里栖息。据说栖息在这里的海鸟多达600多万只！活脱脱一个太平洋上的海鸟乐园！

↑美丽的圣诞岛

如果赶在每年的年底来到圣诞岛，可就有好戏看了！整个海滩像是被施了魔法一样，突然变成了鲜红色。那可不是被泼了红墨水，而是上亿只红蟹的大集会，它们从地势较高的雨林出发，在海边寻找到自己的伴侣，然后到海滩繁衍生息再迁徙回故乡，壮观的场面令人叹为观止。

圣诞岛居民喝椰子汁的方法十分独特。当椰子花快开时，他们会把花苞吹掉，留下又粗又长的花茎，将一个瓶子挂在花茎头上，这样椰子汁就能流进瓶子里。每次换瓶子时，他们都会哼歌。据说，给树唱歌听，可使树多产汁水。

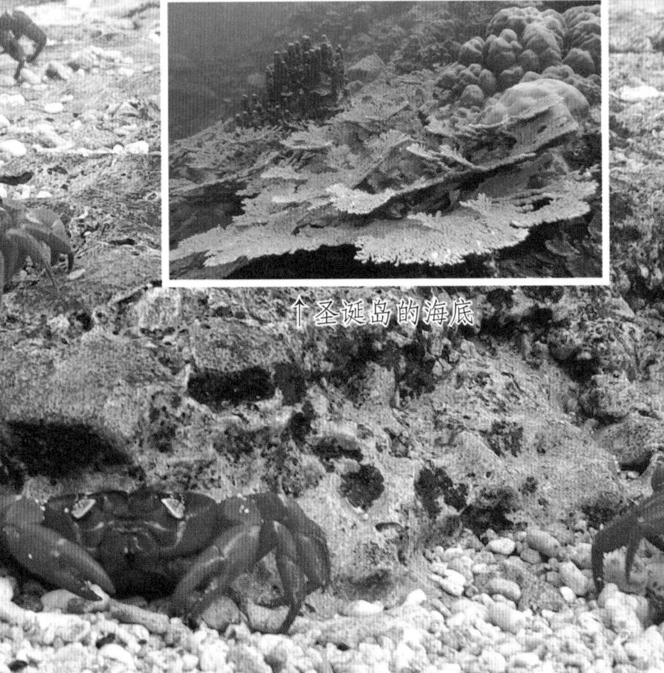

↑圣诞岛的海底

我要去探险

索拉：夏威夷群岛可是我梦寐以求的地方。这里山青海蓝，到处郁郁葱葱，山花烂漫，还有动感的草裙舞，既美丽浪漫又梦幻神奇。

小柚子：哦哦哦！

索拉：这里的火山也是很壮观哦！

小柚子：嘎嘎嘎……

第2站

夏威夷群岛

时间：1778年1月20日

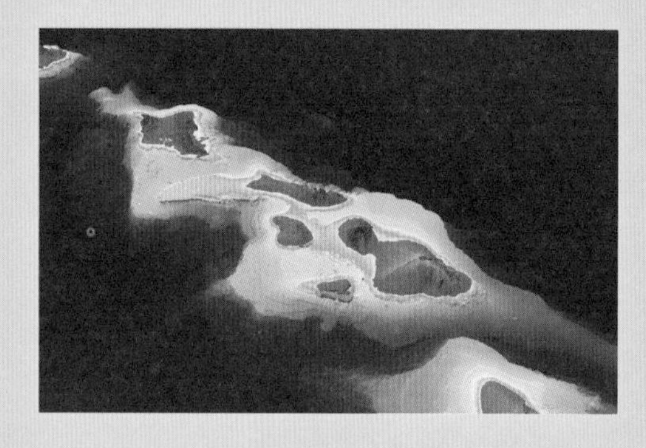

精彩回放

库克船长的船队在18日就发现了夏威夷群岛的瓦胡岛。但直到今天才决定在考爱岛登陆。一上岸，他们就受到了岛上土著人的热情的款待。他们对这些金发碧眼的来客敬若神明。库克船长决定以三明治勋爵的封号把群岛命名为“三明治群岛”。

站点简介

位于中太平洋北部的夏威夷群岛于库克是一个性命攸关的地方。1778年首次登陆考爱岛被岛民敬若神明，欣喜之余，库克船长把这里命名为桑威奇群岛。当一年后库克船长再次返回这里时却惨死于此，令人唏嘘。

“夏威夷”一词源于波利尼西亚语。公元4世纪左右，一批波利尼西亚人乘独木舟破浪而至，在此定居，为这片岛屿起名“夏威夷”，意为“原始之家”。

夏威夷群岛是典型的火山群岛，由夏威夷岛、瓦胡岛、毛伊岛、考爱岛、莫洛凯岛、拉奈岛、尼豪岛及霍奥拉韦岛八个大

夏威夷群岛地处太平洋心脏地带，周围几乎没有什么岛屿可靠，素有太平洋的“十字路口”和太平洋“心脏”之称。

岛组成。从高空俯瞰，夏威夷群岛像新月一样镶嵌在浩瀚的太平洋上。它四季如春，气候宜人，澄澈的海水，湛蓝的天空，海天一色；洁净的海滩，习习的海风、妖娆的草裙舞，令人陶翠！美国著名作家马克·吐温曾盛赞夏威夷群岛为“大洋中最美的岛屿”，“是停泊在海洋中最可爱的岛屿舰队”。

夏威夷岛是整个夏威夷群岛中的“老大哥”。以冒纳凯阿火山闻名天下，这座活火山海拔4205米，也是群岛的最高峰。而所有崇拜库克船长的人来到夏威夷岛时，都会去位于岛西海岸的凯阿拉凯夸湾走一趟，因为在这里可以看到库克船长的纪念碑。1779年的2月14日，库克船长就是在这里遇袭身亡的。

夏威夷岛最热闹、最出名的海滩非威基基海滩莫属，这里椰林婆娑，沙滩金黄，浪急波大，是全世界精彩的冲浪胜地之一。相传当年土著国王和酋长们常在此举行冲浪比赛。因此这里也是冲浪运动的发源地。总之，夏威夷群岛是一个美得让人心旷神怡的地方，一个充满浪漫的乐土。

↓库克之死

我要去探险

索拉：小柚子！你太慢了！我都快急死了！我们得去看北极光呢！

小柚子：快快快……

索拉：爸爸说那里的北极光是地球上最美的风景！

小柚子：嘎嘎嘎……

第3站

阿拉斯加

时间：1778年7月

精彩回放

库克船长率领他的航船一直向北航行，几个月之后，他们到了阿拉斯加，这里的寒冷让库克船长和他的船员们有些吃不消，不过对于一向不怕吃苦的库克船长来说，这不算什么。他希望能在这个冰天雪地的地方有所收获。

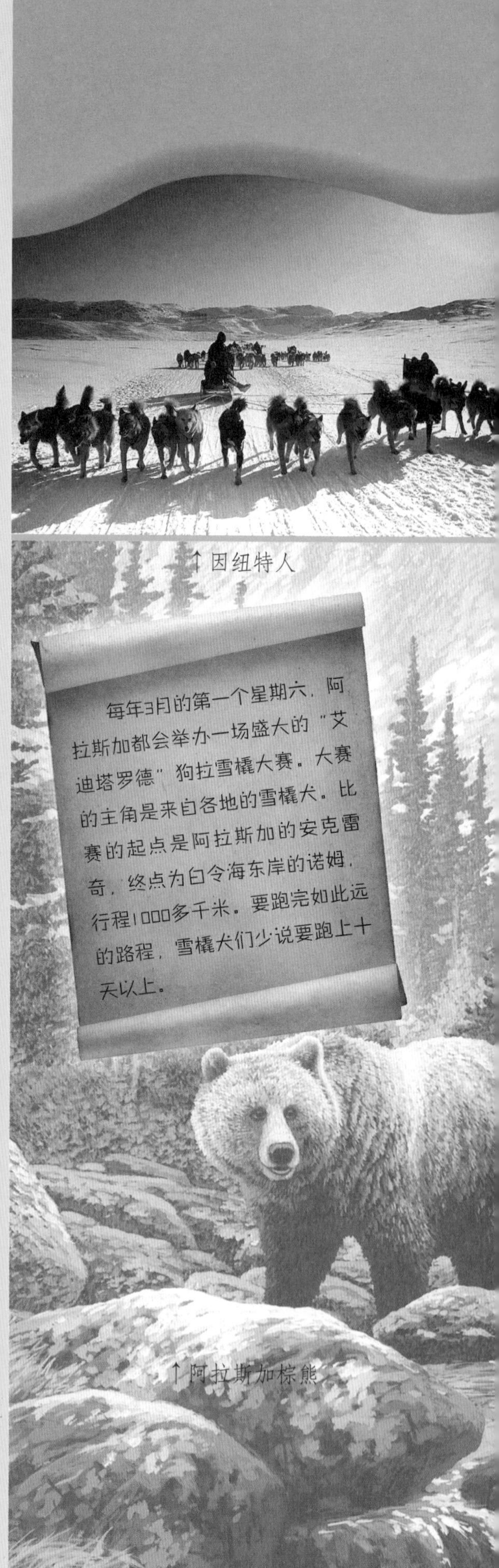

↑因纽特人

每年3月的第一个星期六，阿拉斯加都会举办一场盛大的“艾迪塔罗德”狗拉雪橇大赛。大赛的主角是来自各地的雪橇犬。比赛的起点是阿拉斯加的安克雷奇，终点为白令海东岸的诺姆，行程1000多千米。要跑完如此远的路程，雪橇犬们少说要跑上十天以上。

↑阿拉斯加棕熊

站点简介

阿拉斯加三面临海，西临白令海峡、白令海，与俄罗斯西伯利亚隔海相望。绵延不绝的落基山脉一直延伸到这里，著名的登山圣地麦金利峰就矗立在此，由于空气极度稀薄，很多挑战极限的登山者最后都长眠在这里了。在阿拉斯加满眼都是苍茫辽阔的冰原、雄伟的冰川、无边的冻海、静谧的山谷、幽深的峡湾，还有那银装素裹的针叶林，一片寂寥。难怪会被人们称为“世界上最后的荒野”。不过当我们乘坐着因纽特人的狗拉雪橇在辽阔的冰原上驰骋；在因纽特人的小冰屋里吃着生肉片；在晴朗的夜晚，再欣赏一场绚烂至极的“极光秀”，那将是多么令人难忘的体验呢！虽然阿拉斯加的环境极端恶劣，凛冽的寒风仿佛能吹进人的骨头里。但是这里却是很多动物的乐园，如北极熊、北极狐、北极狼、阿拉斯加棕熊、驯鹿、麋鹿、麝香牛、海豹、鲸鱼、白头鹰……它们悠闲而怡然自得地生活在这片土地上，它们才是北极冰原上真正的主人。

阿拉斯加的美是无法形容的，而且它独特的景观在地球其他地方也是看不到的。

↑北极熊

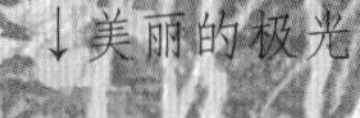

↓美丽的极光

我要去探险

索拉：小柚子！你可要多穿点衣服哦！白令海峡可是很冷的，万一把你冻成冰棍怎么办！

小柚子：冷冷冷……

索拉：据说白令海峡的北极熊很凶猛哦！

小柚子：凶猛！凶猛！

索拉：我们快出发吧！

小柚子：出发！出发！

第4站

白令海峡

时间：1778年8月8日

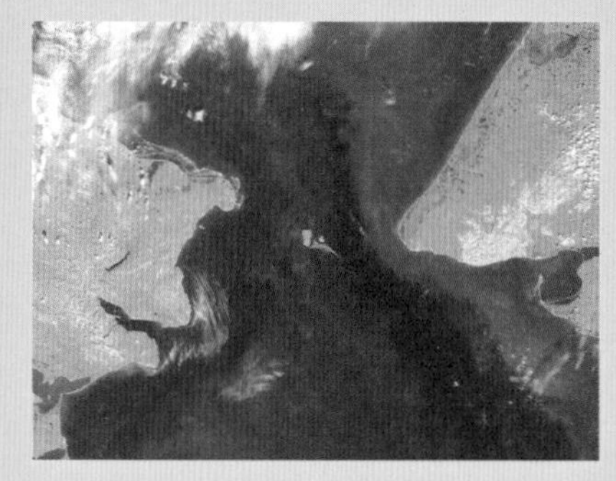

精彩回放

库克船长带领着探险队来到了白令海峡。这里的气候同样极其恶劣，库克船长的心一直提着，他担心万一遇到什么危险，整条船都会葬身大海。船员们也各个紧张兮兮，他们不停地祈祷，希望上帝能保佑他们顺利通过这里。

站点简介

白令海峡最窄处，仅宽85千米，但它是两大洋(太平洋和北冰洋)、两个海(白令海和楚科奇海)、两个洲(亚洲和北美洲)、两个国家(俄罗斯和美国)、两个半岛(阿拉斯加半岛和楚科奇半岛)的分界线，国际日期变更线也通过海峡水道的中央，并将代奥米德群岛划分成两部分，东边的一个大岛属俄罗斯，西边的两个小岛属美国，独特的地理位置使它不容小觑。据考证，在1万年前这里曾是连接亚、美大陆的一座“陆桥”。人类早先曾通过这里移居到美洲，而美洲的动物也从这里到亚洲“串门”。有人说：“白令海峡是世界上最难航行的海域之一。”这话可不是故意拿来吓唬人的！白令海峡算得

↓白令海峡

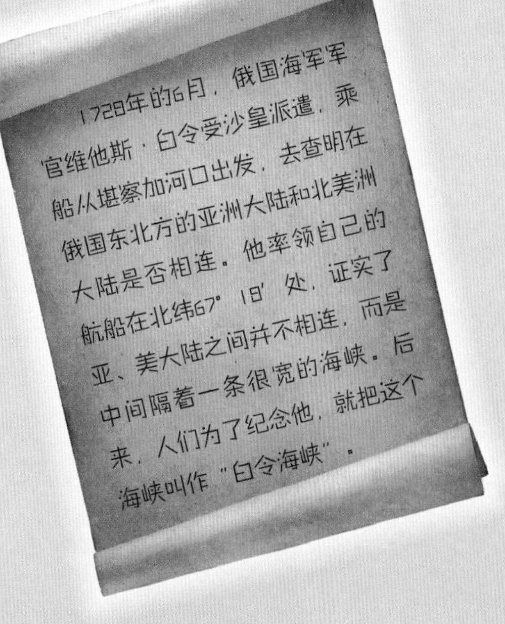

上是世界上最冰冷酷寒的地区之一。终年严寒，只有四个月可以勉强通航，最低气温可达-45℃。人在冰面上站上几分钟，准能被冻成冰棍儿。而肆虐的狂风刮在脸上，就像是被鞭子狠狠抽打一样疼。最糟的是，由于来自北冰洋的寒冷气流和来自太平洋的暖湿气流在此相遇，这里常年大雾弥漫，视野不清。有时没准会撞上一只饿得嗷嗷叫的北极熊，想跑都晚了！

虽然对于我们人类来说，白令海峡是个让人毛骨悚然的恐怖之地，可对于很多海洋动物来说，这里却是它们的天堂。这里的鱼类多达300多种，鲑鱼、鳕鱼、大比目鱼在海里游来游去。在一些小岛上，时常能看到海豹、海象、海狮在上面或趴或站，成千上万只北极燕鸥迎风飞翔，在跟恶劣的天气做着顽强的斗争。虽然它们都是动物，可它们那种顽强的生命力，就连我们人类都自愧不如。

根据考古新发现，大约在1万年前左右，亚洲人通过白令海峡，分多次迁移到美洲大陆。→